作物栽培技术

◎ 杨晓龙　刘　慧　向泽宇　主编

中国农业科学技术出版社

图书在版编目（CIP）数据

作物栽培技术 / 杨晓龙，刘慧，向泽宇主编.
北京 ：中国农业科学技术出版社，2024. 9. -- ISBN
978-7-5116-7046-5

Ⅰ. S31

中国国家版本馆 CIP 数据核字第 20249BC733 号

责任编辑 周伟平
责任校对 李向荣
责任印制 姜义伟　王思文

出 版 者 中国农业科学技术出版社
北京市中关村南大街 12 号　　邮编：100081
电　　话 （010）82106638（编辑室）（010）82106624（发行部）
（010）82109709（读者服务部）
网　　址 https://castp.caas.cn
经 销 者 各地新华书店
印 刷 者 中煤（北京）印务有限公司
开　　本 185 mm × 260 mm　1/16
印　　张 14.5
字　　数 323 千字
版　　次 2024 年 9 月第 1 版　2024 年 9 月第 1 次印刷
定　　价 42.00 元

编委会

内容概述

作物栽培技术是农学的骨干课程，也是一门重要的实用技术。本教材根据编者多年的教学、科研积累及实践技能等总结而成。本教材结合青海本地种植特点，根据作物生产技术专业所需职业岗位能力需求，深入系统地介绍了小麦、玉米、油菜、大豆、马铃薯、青稞和甘节7种作物的栽培要点，每个章节都围绕作物的生长特性和生产要求，设计了播前准备、播种技术、田间管理技术和收获技术4个关键方面的实习技能训练内容。

本教材通过详细阐述不同作物的栽培技术，旨在帮助学习者掌握作物栽培的各个环节，理论与实践结合，突出实践技能培养，实用性强。可作为高职高专院校种植类专业参考书，也可作为作物生产技术人员的指导用书。

前言

《作物栽培技术》作为职业教育中的农学类专业的核心课程之一，核心内容是通过选择适宜的作物品种、种植制度、肥料施用、灌溉制度、病虫害防治等农业措施，实现作物的高产、优质、高效和生态安全的一种现代农业生产技术体系，旨在培养学生掌握作物栽培的基本理论、实践技能和培养学生的创新精神。

本教材以作物栽培实习实践为核心，结合现代农业发展的实际需求，系统地介绍了作物栽培的全过程。本教材针对作物生产技术专业所需职业岗位能力需求，与相关农业企业合作，重新整合作物栽培试验、实训和实习内容，系统化设计实践课程体系，结合青海本地种植作物特点编写了小麦栽培技术、玉米栽培技术、油菜栽培技术、大豆栽培技术、马铃薯栽培技术、青稞栽培技术、甘草栽培技术 7 个专业岗位技能包。本教材注重试验教学综合能力的设计与实践，通过播前准备、播种试验、田间管理试验和收获与储藏试验 4 个核心技术环节，学生能够在作物栽培的实践中学习、理解和掌握作物栽培的关键技术和方法。在学习作物栽培理论知识的基础上，更注重学生实践能力的培养。通过大量的试验操作和田间实习，学生能够将理论知识与实际操作相结合，提高其解决实际问题的能力。本教材紧密结合现代农业发展的实际需求，介绍了作物栽培的新技术、新模式和新方法，旨在培养学生的创新意识和应用能力。

《作物栽培技术》作为职业教育中的一门重要课程，对于培养农业类专业学生的实践能力和创新精神具有重要意义。本教材以田间试验为核心，强调实践能力的培养，并结合现代农业发展的实际需求，为学生提供了一套全面、系统、实用的作物栽培知识体系。希望本教材能为广大农学类专业学生和教师提供参考和帮助。

本教材具体编写分工为：项目一由杨晓龙、刘慧编写，项目二由杨晓龙、徐少南编写；项目三由刘慧、向泽宇编写；项目四由刘慧、盛庭岩编写；项目五由向泽宇、周赛霞编写；项目六由向泽宇、唐忠炳编写；项目七由向泽宇、任钊江、马扶林，周雪平、蔡思彤、王晓蒙、马小雯、李永金、勒伟、冶福春、颜昌兰编写。书稿完成后，经主编修改，由主编统一定稿。

由于编者水平有限，书中缺点及遗漏在所难免，恳请读者提出宝贵意见和建议。

编　者

2024 年 5 月

目录

项目一 小麦栽培技术

项目导读

小麦（*Triticum aestivum* L.）是世界主要的粮食作物之一，全世界1/3以上的人口以小麦为主粮。小麦是我国的主要粮食作物，也是国家重要的储备粮食，其消费量占全国粮食消费总量的1/2以上，是北方人民的重要口粮。小麦籽粒中含有人类所必需的营养物质，其中，碳水化合物含量60%～80%，蛋白质含量8%～15%，脂肪含量1.5%～2.0%，矿物质含量1.5%～2.0%。小麦是我国食品工业的重要原料，小麦粉能制出烘烤食品、蒸煮食品和各种各样的方便食品、保健食品，其制品数量之大、花样之多，居各类作物之首，在食品中占有重要地位。麦麸是优良的精饲料，麦秆是编织、造纸的好原料。

小麦是北方耕作制度中的主体作物，北部冬麦区和黄淮冬麦区冬小麦具有秋播、耐寒、高产、稳产的特点，能够利用冬季和早春自然资源，适合间作套种，是间作套种的主体作物，因而发展小麦生产有利于提高复种指数，缓和作物之间争地的矛盾，提高土地利用率，增加单位土地面积产量。

学习目标

（一）知识目标

（1）了解小麦的起源、分类、品种。通过学习，了解小麦的历史背景、分类体系，以及不同品种的特点和适应性。

（2）掌握小麦的生长发育和土壤条件。深入理解小麦的生长发育过程，包括不同生长阶段的特点和需求，以及小麦生长对土壤条件的依赖。

（3）学习小麦的产量构成因素。理解小麦产量与品种、土壤、气候、管理等因素的关系，为后续提高小麦产量提供理论支持。

（二）技能目标

（1）掌握小麦的栽培技术。学习并实践小麦的播种、施肥、灌溉、除草、病虫害防治等关键技术，确保小麦健康生长。

（2）学会科学施肥。根据小麦的生长需要和土壤条件，合理选择和使用肥料，实现精准施肥，提高肥料利用效率。

（3）防治小麦倒伏和病虫害。学习小麦倒伏和病虫害的识别与防治技术，降低损失，确保小麦高产优质。

（三）发展目标

（1）提高小麦的产量。通过采用科学的种植技术和管理方法，实现小麦产量的稳步提高。

（2）改善小麦的品质。关注小麦的品质提升，包括面筋强度、面粉白度、出麦率等指标，满足市场对高品质小麦的需求。

（3）实现小麦可持续种植。注重资源的合理利用和生态环境保护，推广节水灌溉、秸秆还田等技术，实现小麦种植的可持续发展。

（四）思政目标

（1）培养学生的农业科学素养。通过学习小麦栽培知识，培养学生的农业科学素养和实践能力，为未来从事农业工作奠定坚实基础。

（2）增强学生的环保意识。引导学生关注农业生产对环境的影响，树立环保意识，积极参与生态文明建设。

（3）培养学生的创新精神。鼓励学生在小麦栽培过程中探索新方法、新技术，培养学生的创新精神和实践能力。

链接 1-1

《小麦品种品质分类》（GB/T 17320—2013）

任务一　小麦播前准备

任务导入

做好小麦播种前的准备工作，为来年的丰产丰收打下坚实基础。种植户正在积极做好小麦播种的准备，一是物资准备，即种子与肥料；二是精细整地。因为种子是小麦高产的重要条件，土壤肥料是小麦高产的基础。这两方面做好了，小麦高产有 60%～70% 的把握，因为种子因素在产量中的权重比占 33%，土壤肥料因素在产量中的权重比占 33%，管理因素在产量中的权重比占 34%。因此做好小麦备播非常重要，马虎不得，要精心安排，细心去做。

任务工单

班级＿＿＿＿＿＿＿＿　姓名＿＿＿＿＿＿＿＿　学号＿＿＿＿＿＿＿＿

<table>
<tr><td>任务名称</td><td colspan="4">小麦播前准备</td></tr>
<tr><td>任务描述</td><td colspan="4">根据实际情况，填写本任务的内容、目的、流程和方法。
任务内容：＿＿＿＿＿＿＿＿＿＿＿＿＿＿＿＿＿＿＿＿。
任务目的：＿＿＿＿＿＿＿＿＿＿＿＿＿＿＿＿＿＿＿＿。
任务流程：＿＿＿＿＿＿＿＿＿＿＿＿＿＿＿＿＿＿＿＿。
任务方法：＿＿＿＿＿＿＿＿＿＿＿＿＿＿＿＿＿＿＿＿。</td></tr>
<tr><td>获取信息</td><td colspan="4">要完成任务，需要掌握相关的知识。请收集资料，回答以下问题：
1. 小麦播前准备事项有哪些？

2. 青海地区如何选配小麦良种？

3. 小麦播前的田地怎样进行整地施肥？

4. 小麦播前的暖种晒种有什么需要注意的？

5. 小麦播前的适当灌溉要求有哪些？</td></tr>
<tr><td>制订计划</td><td colspan="4">根据小麦播前准备任务，制订相应的工作计划。</td></tr>
<tr><td rowspan="6">任务实施</td><td colspan="4">按照预先制订的工作计划，完成本任务，并记录任务实施过程。</td></tr>
<tr><td>序号</td><td>完成的任务</td><td>遇到的问题</td><td>解决办法</td></tr>
<tr><td></td><td></td><td></td><td></td></tr>
<tr><td></td><td></td><td></td><td></td></tr>
<tr><td></td><td></td><td></td><td></td></tr>
<tr><td></td><td></td><td></td><td></td></tr>
</table>

（续表）

<table>
<tr><td>任务名称</td><td colspan="6">小麦播前准备</td></tr>
<tr><td rowspan="12">任务评价</td><td colspan="6">评价表</td></tr>
<tr><td>项目</td><td>评价内容</td><td>分值</td><td>自评</td><td>互评</td><td>师评</td></tr>
<tr><td rowspan="6">知识技能</td><td>选种结合当地实际，具有代表性</td><td>10</td><td></td><td></td><td></td></tr>
<tr><td>整地是否合理</td><td>10</td><td></td><td></td><td></td></tr>
<tr><td>施肥是否恰当</td><td>10</td><td></td><td></td><td></td></tr>
<tr><td>晒种方法正确</td><td>10</td><td></td><td></td><td></td></tr>
<tr><td>灌溉科学、合理</td><td>10</td><td></td><td></td><td></td></tr>
<tr><td>播前准备充分</td><td>10</td><td></td><td></td><td></td></tr>
<tr><td>任务进度</td><td>提前完成 10 分；正常完成 7～9 分；超时完成 3～6 分；未完成 0～2 分</td><td>10</td><td></td><td></td><td></td></tr>
<tr><td>任务质量</td><td>整体效果很好 10 分；较好 7～9 分；一般 3～6 分；较差 0～2 分</td><td>10</td><td></td><td></td><td></td></tr>
<tr><td>素养表现</td><td>遵规守纪，独立思考，严谨求实，活学活用</td><td>10</td><td></td><td></td><td></td></tr>
<tr><td>思政表现</td><td>有家国情怀、生态情怀，有学农爱农意识</td><td>10</td><td></td><td></td><td></td></tr>
</table>

任务准备

• 知识准备

一、种子准备

（一）选用良种

选用优良品种，做好品种合理布局，良种良法配套，是获得小麦优质高产的重要措施。

小麦良种应具备高产、稳产、优质、抗逆、适应性强等特点。但良种是具有区域性的、相对的、有条件的。所以，在选用良种时，要结合本地具体条件，掌握以下基本原则。

1. 根据当地自然条件和土壤肥力选用品种

不同地区育成的品种，一般对本地的自然条件有较强的适应性，应尽量选用本地育成的品种。对于距本地较远的育种单位育成的品种，一定要经过试验，确认适合本地种植后才能选用。盲目引进新品种，常因为对本地气候、生产条件不适应而造成减产。

一般肥水条件好的高产田，要选用株矮抗倒、耐水耐肥、增产潜力大的品种；反之，肥水条件差的低产田，应选用耐旱耐瘠的品种。高产品种不能种在低肥地上，低产品种也不能种在高肥地上。

2. 根据当地常发自然灾害选用品种

选用品种时要考虑当地自然灾害特点。如北部冬麦区要选用抗寒性强的冬性品种；干热风严重地区应选用早熟、抗干热风的品种；干旱地区要选用抗旱品种等。

3. 根据当地栽培制度选用品种

如小麦、玉米周年种植，应注意小麦品种的早熟性；棉花和小麦套种时，小麦品种除要求早熟外，还要株高适当、抗倒伏、株型紧凑。

4. 根据不同加工食品的要求选用品种

根据加工食品对小麦品质的要求，选用相适应的优质专用品种。

选用良种，还要实施与之相适应的配套栽培技术，即做到良种良法配套，才能充分发挥良种的增产潜力。在品种搭配和布局上，一个县区、乡镇要通过试验、示范，根据生产条件的发展，选用表现最好、适于当地自然条件和栽培条件的高产、稳产品种 1～2 个作为当家（主栽）品种，再选表现较好的品种 1～2 个作为搭配品种。此外，还应有更替品种。

（二）种子处理

1. 种子精选

机械筛选粒大饱满、整齐一致、无杂质的种子，以保证种子营养充足，达到苗齐、苗全、苗壮的目的。由秕粒造成的弱苗难以通过管理转壮，晚播麦由于播种量大，更应注意科学选种。

2. 晒种

晒种可促进种子后熟，提高生活力和发芽率，使出苗快而整齐。晒种一般在播前 5 d 左右进行。注意不要在水泥地上晒种，以免烫伤种子。

3. 发芽试验

进行发芽试验，为确定播种量提供依据。一般要求大田生产用的小麦种子的发芽率不低于 85.0%，净度不低于 98.0%，水分不高于 13.0%。发芽率过低的种子不能作种用。

4. 药剂拌种及种子包衣

小麦播种期及冬前是病、虫、草害防治的关键时期，应根据当地常发病虫害进行药剂拌种或用种衣剂种子包衣。

（1）药剂拌种。以下列举几种药剂拌种方法。

①杀菌剂处理种子。预防全蚀病选用 12% 硅噻菌胺 200～300 mL，兑水 1 000 mL，拌麦种 100 kg，搅拌均匀堆闷 3 h 后播种；或 4.8% 苯醚·咯菌腈 30～40 mL 拌麦种 20～25 kg，堆闷 3 h 后播种；或 6% 戊唑醇悬浮种衣剂，按种子量的 0.03%～0.05%（有效成分）拌种堆闷 6 h 后播种。

预防小麦散黑穗病、腥黑穗病、根腐病、纹枯病、白粉病等病害，可选4.8%苯醚·咯菌腈20 mL拌麦种20～25 kg，堆闷3 h后播种；或3%苯醚甲环唑悬浮种衣剂20 mL加水兑成100～150 mL药浆拌种10～15 kg；或6%戊唑醇悬浮种衣剂，按种子量的0.03%～0.05%（有效成分）拌种，堆闷6 h后播种。

②杀虫剂、杀菌剂合理混合处理种子以上病害和虫害混发区，可根据病虫发生种类选用以上有关杀菌剂和杀虫剂混合拌种，达到一拌多防的效果，但要注意先拌杀虫剂，闷种晾干再拌杀菌剂；先拌乳剂，待吸收晾干再拌粉剂。拌后的种子一般不宜久放，要随拌随用。

（2）种子包衣。把杀虫剂、杀菌剂、微肥、植物生长调节剂通过科学配方复配，加入适量溶剂使其呈糊状，然后利用机械均匀搅拌并涂在种子上，即包衣。包衣后的种子晾干后即可播种。使用种子包衣省时、省工、成本低，增产显著。20世纪90年代始全国各地普遍推广应用这一技术。

二、播前耕作整地

小麦对土壤的适应性较强，但耕作层深厚、结构良好、有机质丰富、养分充足、通气性保水性良好的土壤，是小麦高产的基础。一般认为适宜的土壤条件为土壤容重在1.2 g/cm³左右、孔隙度50%～55%、有机质含量在1.0%以上，土壤pH值为6.8～7，土壤的氮、磷、钾营养元素丰富，且有效供肥能力强。

耕作整地是改善麦田土壤条件的基本措施之一。麦田的耕作整地一般包括深耕和播前整地两个环节。深耕可以加深耕作层，有利于小麦根系下扎，增加土壤通气性，提高蓄水、保肥能力。协调水、肥、气、热，提高土壤微生物活性，促进养分分解，保证小麦播后正常生长。在一般土壤上，耕地深度以20～25 cm为宜。播前整地可起到平整地表、破除板结、匀墒保墒等作用，是保证播种质量，达到苗全、苗匀、苗齐、苗壮的基础。

麦田耕作整地的质量要求是深、细、透、平、实、足，即深耕深翻加深耕层，耕透耙透不漏耕漏耙，土壤细碎无明暗坷垃，地面平整，上虚下实，底墒充足，为小麦播种和出苗创造良好条件。

目前，小麦在耕作整地方面存在的主要问题是耕翻深度较浅、土壤过暄不踏实，尤其是秸秆还田地块此现象更为严重，主要是多为旋耕作业，翻地深度较浅、旋耕后不进行耙压所致。近年来，许多省份在积极推广小麦深松耕技术，耕深40～60 cm，可打破由于多年浅耕造成的坚实犁底层，为小麦生长创造良好的土壤条件。

小麦玉米两熟地区玉米秸秆还田措施应用较为普遍，可以增加土壤有机质、培肥地力、减少环境污染，其整地质量要求更高，必须与相关技术措施配合运用，否则土壤容易被秸秆架空、不踏实，影响播种质量，造成小麦缺苗断垄、黄苗、加重冻害死苗等，不利于培育冬前壮苗。

秸秆还田地块要求秸秆粉碎质量要高，底墒充足，深翻土壤，播前耙压，秸秆掩埋严实并与土壤充分混合，土壤踏实不架空。此外，为加快秸秆腐熟，应调整玉米秸秆的碳氮比，可在正常施底肥氮肥的基础上每公顷增施 75 kg 尿素或 225 kg 碳酸氢铵，或翻耕前在秸秆上撒施催腐剂或微生物肥料，促进秸秆腐熟。

三、施用底肥

（一）小麦需肥规律

前人研究结果表明，随着产量水平的不断提高，小麦对氮、磷、钾吸收总量相应增加。每生产 100 kg 籽粒，需氮（3.1 ± 1.1）kg、磷（P_2O_5）（1.1 ± 0.3）kg、钾（K_2O）（3.2 ± 0.6）kg，比例约为 2.8：1.0：3.0，但随着产量水平的提高，氮的相对吸收量减少，钾的相对吸收量增加，磷的相对吸收量基本稳定。随着小麦在生育进程中干物质积累量的增加，氮、磷、钾吸收总量也相应增加。起身前麦苗较小，对氮、磷、钾吸收量较少，起身后植株迅速生长，养分需求量也急剧增加，拔节至孕穗期达到一生的吸收高峰。对氮、磷的吸收量在成熟期达到最大值，对钾的吸收量在抽穗期达到最大值，其后钾的吸收出现负值。

（二）小麦施肥技术及底肥的施用

小麦施肥技术包括施肥量、施肥时期和施肥方法。小麦施肥量应根据目标产量指标、地力、肥料种类及栽培技术等综合确定。

目标产量所需肥料养分量可根据 100 kg 籽粒所需养分量来确定；土壤供肥状况一般以不施肥麦田产出的小麦的养分量测知土壤提供的养分数量。在田间条件下，氮肥的当季利用率一般为 30%～50%；磷肥为 10%～20%，高者可达到 25%～30%；钾肥多为 40%～70%。有机肥的利用率因肥料种类和腐熟程度不同而差异很大，一般为 20%～25%。

小麦施肥原则应增施有机肥，合理搭配施用氮、磷、钾化肥，适当补充微肥，并采用科学施肥方法。一般情况下，有机肥及磷、钾化肥全部作为底肥施入；氮素化肥 50% 左右作为底肥施入，50% 左右于起身期或拔节期作为追肥施入。

底肥施用应结合耕翻进行。对于秸秆还田的地块要适当增加底肥氮肥的用量，以解决秸秆腐烂与小麦争夺氮肥的矛盾。缺锌、锰的地块，每公顷可分别施硫酸锌、硫酸锰 15 kg 作底肥或 0.75 kg 拌种。

由于不同地区、不同地块土壤养分状况及产量水平存在一定差异，所以，小麦对各种肥料的需求量及其比例也不尽不同。只有通过测土配方施肥，才能最大限度地发挥肥料的均衡增产效益。根据北方冬小麦高产单位的经验，在土壤肥力较好的情况下（0～20 cm 土层土壤有机质 1%，全氮 0.08%，水解氮 50 mg/kg，速效磷 20 mg/kg，速效钾 80 mg/kg），产量为每公顷 7 500 kg 的小麦，大约每公顷需施优质有机肥 45 000 kg，标准氮肥（含氮 21%）750 kg 左右，标准磷肥（含 P_2O_5 14%）600～750 kg。缺钾地块应施用钾肥。

四、播前灌水

北方地区多数年份入秋以后降水量较少，一般要浇足底墒水，以满足小麦发芽出苗和苗期生长对水分的需要，也可为中期生长奠定良好基础。一般不宜抢墒播种、播后浇蒙头水。玉米成熟较晚的，提倡玉米收获前洇地，起到“一水两用”的作用，确保小麦适时适墒播种最佳时间。秋雨较多、底墒充足时（壤土含水量17%～18%、沙土16%、黏土20%），可不浇底墒水。

- **工具准备**

杀虫剂、杀菌剂，种衣剂，吸湿纸，培养皿。

- **材料准备**

小麦种子。

- **人员准备**

人员及任务分工见表1-1。

表1-1 小麦播前准备任务分工

任务角色	任务内容
组长：	任务：确定工作内容，分配工作任务，完成播种工作
组员1：	任务：参与讨论，咨询专业人员、查询相关资料确定正确适宜的播种方法
组员2：	任务：参与讨论，查询相关资料，确定播种日期
组员3：	任务：参与讨论，根据讨论结果计算播种量
组员4：	任务：参与讨论，根据讨论结果确定播种方法

任务筹划

（1）根据所掌握的相关知识，结合当地土壤、气候特点完成小麦选种。

（2）根据所掌握的相关知识，制订小麦播前准备的工作流程。

（3）列出适用播种地区小麦播前准备的工作计划。

任务实施

步骤一：调查当前青海本地小麦生产中的5个优良品种及其特性，对调查结果进行整理，小组内讨论，从中选择适宜的栽培品种（表1-2）。

表 1-2　青海本地小麦生产中的 5 个优良品种及其特性

品种名称	特征特性	备注

步骤二：种子精选，去除杂质和杂种，选择晴天进行晒种。

步骤三：选择适播试验田，清理田间杂草，深翻土壤，记录整地实情。

步骤四：根据土壤肥力情况，科学施用底肥，记录施肥实情。

步骤五：完成播前准备任务，并对任务进行总结评价，整理试验记录，与查阅资料形成对比。

链接 1-2

测试题

任务检测

请扫码答题（链接 1-2）。

任务评价

班级：________　组别：________　姓名：________

表 1-3　小麦播前准备工作活动完成过程评价

项目	评分标准	自我评价	小组评价	教师评价
精选包衣（30 分）	无杂质、杂种（10 分）			
	杀菌药剂使用科学、合理，包衣均匀（10 分）			
	种子处理步骤合理（10 分）			
发芽试验（30 分）	操作步骤合理（10 分）			
	发芽条件选择科学（10 分）			
	发芽结果记录准确（10 分）			
活动完成过程（30 分）	能够根据工作任务资料，分析并制订工作计划（5 分）			
	认真思考，积极动手，动脑（5 分）			
	积极参与小组合作与交流，配合默契，互帮互助（5 分）			
	通过小组讨论与再学习完成工作（5 分）			
	具有认真严谨的科学态度（10 分）			

（续表）

项目	评分标准	自我评价	小组评价	教师评价
活动效果（10分）	整体的效果（很好10分；较好7～9分；一般3～6分；较差0～2分）			
合计				
自我评价与总结				
教师点评				

任务实训学习

根据所学小麦播种要求，结合当地生长环境，拟定一份小麦选种备种的操作方案。

千顷麦田一生情

1930年7月，他站在轮船的甲板之上，眺望渐行渐远的祖国，思绪万千……“民以食为天”，这个以农立国的国家，四万万国民却连基本的温饱都无法实现，他决心赴美留学，努力探索农业的奥秘。学成归国后曾先后在国内多所大学农学院执教，后随所在学校西迁到重庆沙坪坝。在重庆期间，他贫病交加，却仍坚持一线教学和科研工作，深受同事和学生的尊敬和爱戴。这位为农业科研与教育奉献了一生的科学家，就是我国小麦科学研究的奠基人——金善宝。

1955年，金善宝被选聘为中国科学院学部委员（院士），之后光荣加入中国共产党，并相继担任中国农业科学院副院长、院长等职务，直到80多岁才退居二线。小麦试验地需要劳动力、肥料、仪器和经费，试验上事无巨细，年逾古稀的金善宝都是亲自去跑、亲自过问，今天找这个头头，明天找那个领导，一次不行，再跑两次、三次。人们觉得很奇怪：“现在是什么时候，你还搞试验？”他回答：“是的，要搞试验，我国几亿人口需要粮食，不搞试验，吃什么？”有人诬蔑他，这是搞个人名利。他说：“党和国家已经给了我这么高的地位和荣誉，我还要什么名利？”甚至有人造谣说他已经故去了。他在会上反驳说：“阎王还没给我传票呢？就是有传票，我也不去！只要一息尚存，也要搞小麦育种！”小麦试验期间，从种到收，他几乎每天都风雨无阻地来到田间，在播种了2 000多个品系、品种的苗圃里去观察、去挑选。

金善宝一生忠于职守、严于治学、淡泊名利、艰苦朴素，一辈子心系祖国发展、民族命运、农业前景，从来不知辛劳与疲倦，为科学事业呕心沥血，为国家培养了大量人才，默默奉献了自己的一生。“育种为民食，科研百岁春”，这或许是对先生最好的写照吧！

知识拓展

小麦优良品种

优良品种是小麦产业高质量发展的基础。下面对小麦优良品种情况进行了介绍（表 1-4），分析了各品种的特征特性，以期为深入实施种业振兴行动、推动小麦产业高质量发展、助力脱贫地区乡村全面振兴提供参考和借鉴。

表 1-4　小麦优良品种

品种名称	特征特性
山农 20	半冬性，中晚熟。冬季抗寒性好，分蘖能力一般，抗倒春寒能力较差。株高 85 cm 左右，株型较紧凑，茎秆弹性一般，抗倒性一般。不抗赤霉病，适宜在黄淮冬麦区南片的河南（南阳、信阳除外）、安徽北部、江苏北部、陕西关中地区高中水肥地块早中茬种植。
新麦 26	半冬性，中熟。冬季抗寒性较好，抗倒春寒能力较弱。株高 80 cm 左右，株型较紧凑，抗倒性中等。适宜在黄淮冬麦区南片的河南（信阳、南阳除外）、安徽北部、江苏北部、陕西关中地区高中水肥地块早中茬种植。在江苏北部、安徽北部和河南东部倒春寒频发地区种植应采取调整播期等措施，注意预防倒春寒。
郑麦 9962	弱春性，中熟。冬季抗寒性中等，抗倒春寒能力较差。株高 77 cm 左右，抗倒性较好。适宜在黄淮冬麦区南片的河南（南部稻茬麦区除外）、安徽北部、江苏北部、陕西关中地区高中水肥地块中晚茬种植。
沧麦 6005	半冬性，晚熟。株高 80 cm 左右，株型半紧凑，茎秆较细、弹性较好，抗倒性较好，抗倒春寒能力较差。适宜在黄淮冬麦区的山西南部、陕西咸阳和铜川、河南西北部的旱薄地种植。
保麦 10 号	冬性，中熟。株高 76 cm 左右，株型紧凑，抗倒性较好。穗层整齐，穗纺锤形。适宜在北部冬麦区的北京、天津、河北中北部、山西中部的水地种植，也适宜在新疆阿拉尔地区水地种植。
京冬 18	冬性，中早熟。株高 79 cm 左右，株型紧凑，抗倒性较好。适宜在北部冬麦区的北京、天津、河北中北部、山西中部的水地种植，也适宜在新疆阿拉尔地区水地种植。
中麦 415	冬性，中熟。株高 70 cm 左右，抗倒性较好，落黄好。适宜在北部冬麦区的北京、天津、河北中北部、山西中部中高水肥地块种植，也适宜在新疆阿拉尔地区水地种植。
赤麦 7 号	春性，早熟。株高 83 cm 左右，株型紧凑，茎秆强壮，抗倒性较好。适宜在辽宁沈阳、铁岭和锦州，内蒙古赤峰的春麦区种植。

（续表）

品种名称	特征特性
辽春 23 号	春性，早熟。株高 81 cm 左右，株型紧凑，抗倒性较好。适宜在辽宁沈阳、铁岭和锦州，吉林公主岭，内蒙古赤峰和通辽及天津的春麦区种植。
龙麦 33	春性，中晚熟。株高 100 cm 左右，抗倒性较好，熟相较好。适宜在东北春麦区的黑龙江北部及内蒙古呼伦贝尔地区种植。

链接 1–3

《小麦原种生产技术操作规程》（GB/T 17317—2011）

链接 1–4

《粮油检验小麦水分含量测定近红外法》（GB/T 24898—2010）

任务二　小麦播种技术

任务导入

小麦是面粉的原料，也是北方人的主食。小麦中除含有蛋白质、淀粉、钙、磷、铁外，还含有维生素。民以食为天，首先得保证口粮问题。国泰民安，无粮则乱。种植小麦既可以解决全国人民的吃饭问题，又可以保证全国人民的食用面粉。小麦是三大谷物之一，是解决一日三餐的主粮。中国人的饭碗要端在中国人自己手里。根据青海实地情况结合小麦播种原则、要求及方法，科学、合理掌握小麦播种时间及密度，为后续做好小麦田间管理和病虫害防治工作打下基础。

任务工单

班级＿＿＿＿＿＿＿＿　姓名＿＿＿＿＿＿＿＿　学号＿＿＿＿＿＿＿＿

任务名称	小麦播种技术
任务描述	根据实际情况，填写本任务的内容、目的、流程和方法。 任务内容：＿＿＿＿＿＿＿＿＿＿＿＿＿＿＿＿＿＿＿＿＿＿＿＿＿＿＿＿＿＿。 任务目的：＿＿＿＿＿＿＿＿＿＿＿＿＿＿＿＿＿＿＿＿＿＿＿＿＿＿＿＿＿＿。

（续表）

<table>
<tr><td>任务名称</td><td colspan="6">小麦播种技术</td></tr>
<tr><td>任务描述</td><td colspan="6">任务流程：________________________________
________________________________。
任务方法：________________________________
________________________________。</td></tr>
<tr><td>获取信息</td><td colspan="6">要完成任务，需要掌握相关的知识。请收集资料，回答以下问题：
1. 青海的小麦种植的合适播种期是什么时候？
2. 小麦种植的合理密度有哪些要求？
3. 小麦的播种方式有哪些？
4. 小麦播种常出现的问题有哪些？
5. 小麦播种前的施肥要求有哪些？</td></tr>
<tr><td>制订计划</td><td colspan="6">根据小麦播种技术任务，制订相应的工作计划。</td></tr>
<tr><td rowspan="6">任务实施</td><td colspan="6">按照预先制订的工作计划，完成本任务，并记录任务实施过程。</td></tr>
<tr><td>序号</td><td>完成的任务</td><td colspan="2">遇到的问题</td><td colspan="2">解决办法</td></tr>
<tr><td></td><td></td><td colspan="2"></td><td colspan="2"></td></tr>
<tr><td></td><td></td><td colspan="2"></td><td colspan="2"></td></tr>
<tr><td></td><td></td><td colspan="2"></td><td colspan="2"></td></tr>
<tr><td></td><td></td><td colspan="2"></td><td colspan="2"></td></tr>
<tr><td rowspan="7">任务评价</td><td colspan="6">评价表</td></tr>
<tr><td>项目</td><td>评价内容</td><td>分值</td><td>自评</td><td>互评</td><td>师评</td></tr>
<tr><td rowspan="5">知识技能</td><td>品种选择</td><td>10</td><td></td><td></td><td></td></tr>
<tr><td>播种期确定</td><td>10</td><td></td><td></td><td></td></tr>
<tr><td>播种量计算</td><td>10</td><td></td><td></td><td></td></tr>
<tr><td>播种方法确定</td><td>10</td><td></td><td></td><td></td></tr>
<tr><td>播后镇压</td><td>10</td><td></td><td></td><td></td></tr>
</table>

（续表）

任务名称	小麦播种技术					
任务评价	评价表					
	项目	评价内容	分值	自评	互评	师评
	知识技能	灌水科学及时有效	10			
	任务进度	提前完成10分；正常完成7～9分；超时完成3～6分；未完成0～2分	10			
	任务质量	整体效果很好10分；较7～9分；一般3～6分；较差0～2分	10			
	素养表现	遵规守纪，独立思考，严谨求实，活学活用	10			
	思政表现	有家国情怀、生态情怀，有学农爱农意识	10			

任务准备

- **知识准备**

一、播种期

（一）适时播种的重要意义

适时播种可以使小麦苗期处于最佳的温、光条件下，完成必需的光温积累，充分利用冬前的光热资源培育壮苗，形成健壮的大分蘖和发达的根系，群体适宜，个体健壮，有利于安全越冬，并为穗多穗大奠定基础。

播种过早、过晚对小麦生长均不利。播种过早，一是冬前温度高，常因冬前徒长而形成冬前旺苗，植株体内积累营养物质少，抗寒力减弱，冬季易遭受冻害。尤其是半冬性品种，冬前通过春化阶段，抗寒力降低而发生冬季冻害。此外，冬前旺长的麦苗，年后返青晚，生长弱，“麦无二旺”；二是易遭虫害而缺苗断垄，或发生病毒病、叶锈病。播种过晚，一是冬前苗弱，体内积累营养物质少，抗逆力差，易受冻害；二是春季发育晚，成熟迟，灌浆期易遭干热风危害，影响粒重；三是春季发育晚，若调控措施不当，缩短了穗分化时期，易形成小穗。

（二）确定适宜播期的依据

1. 冬前积温

小麦冬前积温指播种到冬前停止生长之日的积温。播种到出苗，一般需要积温120℃左右，冬前主茎每长一片叶平均需要75℃积温，据此，可求出冬前不同苗龄的总积温。如冬前要求主茎长出5～6片叶，则需要冬前积温495～570℃，根据当地气象资料即可确定适宜播期。目前小麦生产上多采取主茎和分蘖成穗并重的栽培途径（即中等播量），使冬前主茎叶片达到 5～6 片，容易获得高产；冬前主茎叶片达到 7 片以上时易形成旺苗，不利于培育壮苗和安全越冬。

近年来，受全球气候变暖的影响，各地冬前有效积温有了很大的提高，因此过去经验中的播种适期已不再适用，应根据试验及生产经验科学确定播种最佳时期。例如，河北中南部地区 9 月下旬播种的小麦会发生冬前旺长，甚至出现主茎第 1 个分蘖缺位，说明在当地“白露早、寒露迟，秋分种麦正当时”的古农谚已经过时。

2. 品种特性

一般冬性品种宜适当早播，半冬性品种可适当晚播。北方各麦区冬小麦的适宜播期为：冬性品种一般日均温 16～18℃，弱冬性品种一般在 14～16℃。在此范围内，还要根据当地的气候、土壤肥力、地形等特点进行调整。

3. 栽培体系

精播栽培，苗龄大，宜早播；独秆栽培，冬前主茎 3～4 片叶，宜晚播。

北方春小麦主要分布在北纬 35° 以北的高纬度、高海拔地区，春季温度回升缓慢，为了延长苗期生长，争取分蘖和大穗，一般气温稳定在 0～2℃，表土化冻时即可播种。东北春麦区在 3 月中旬至 4 月中旬，宁夏、内蒙古及河北坝上约在 3 月中旬。

二、播种量

（一）确定适宜的基本苗

基本苗的多少，是小麦群体发展的起点，对小麦整个生育过程群体与个体的协调及产量结构的协调增长有重大影响。穗数是构成产量的基础，而基本苗又是成穗的基础。所以，因地制宜地确定适宜的基本苗数是合理密植的核心。

确定适宜的基本苗，主要考虑播种期早晚、品种特性、土壤肥力和水肥条件等因素。适期播种，单株分蘖和成穗数较多，基本苗可适当少些；随着播种期的推迟，单株分蘖和成穗数都要减少，应适当增加基本苗数。分蘖力强、成穗率高的品种基本苗宜少；反之宜多。土壤肥力水平高、水肥条件好的麦田，单株分蘖及成穗较多，基本苗宜少；反之宜多。

小麦基本苗的确定还与所采用的高产途径有关。常规高产栽培，播期适宜，主茎与分蘖成穗并重，基本苗一般掌握每公顷 300 万株左右；精播栽培，以分蘖成穗为主夺高产，播期偏早，基本苗一般为每公顷 150 万株左右；独秆栽培，以主茎成穗为主，播期晚，基本苗一般为每公顷 450 万～600 万株。

（二）计算播种量

田间出苗率因整地质量、播种质量而有很大差异，一般腾茬地、整地及播种质量好的情况下，田间出苗率可达 85% 左右，秸秆还田地块、整地质量差的地块，田间出苗率要低些。由于种子千粒重多在 35～50 g，种子发芽率及田间出苗率差异很大，所以生产中的“斤籽万苗”的说法不大科学。当天气、土地、人为等因素导致播种延迟的，不论是什么类型的小麦品种，都要加大播种量。

三、播种方法

对播种质量的要求是行直垄正，沟直底平，下籽均匀，播量准确，深浅适宜，覆土严实，不漏播，不重播。

1. 播种深度

覆土深浅对麦苗影响最大。覆土深，出苗晚，幼苗弱，分蘖发生晚。覆土过浅，种子易落干，影响全苗；分蘖节离地面太近，遇旱时影响根系发育，越冬期也易受冻。从防旱、防寒和培育壮苗两个方面考虑，播种深度宜掌握在 3～5 cm。早播宜深，晚播宜浅；土质疏松宜深，土质紧实宜浅。

2. 播种方式

目前小麦播种多为机械播种，播种方式高产麦田以 12～15 cm 等行距为宜，以利于小麦植株在田间分布均匀，生长健壮。宽窄行播种方式适于套种其他作物。北方推广应用的小麦宽幅精播技术，播幅 10 cm，灌溉地小麦行距 20 cm，10 行一个畦区 200 cm。

3. 播后镇压

小麦播后镇压可以踏实土壤，提高整地质量，使种子与土壤密接，以利于种子吸水萌发，提高出苗率，保证苗全苗壮，是小麦节水栽培的重要措施。时间是在土地封冻前，不要过早或过晚（11 月 15 日前后）。小麦玉米两熟区玉米秸秆直接还田的地块土壤较暄，播后镇压尤为重要。对于抢墒播种、墒情稍有不足的地块，播后镇压可提高抗旱能力，有利于苗全苗壮。

4. 酌情浇蒙头水

对于土壤水分不足以及秸秆还田土壤较暄的地块，可以在播后 3～4 d 浇蒙头水或出苗后 3～4 d 浇出苗水，其作用是踏实土壤、补充土壤水分，以保证出苗整齐及苗期正常生长。

• 工具准备

播种机、铁锨、犁、喷雾器、笔、记录册。

• 人员准备

人员及任务分工见表 1-5。

表 1-5 小麦播种技术任务分工

任务角色	任务内容
组长：	任务：确定工作内容，分配工作任务，完成播种工作
组员 1：	任务：参与讨论，咨询专业人员、查询相关资料确定正确的适宜的播种方法
组员 2：	任务：参与讨论，查询相关资料，确定播种日期
组员 3：	任务：参与讨论，根据讨论结果计算播种量
组员 4：	任务：参与讨论，根据讨论结果确定播种方法

任务筹划

（1）列出小麦播种需要准备的工具和设备。
（2）根据所掌握的相关知识，列出小麦播种的工作流程。
（3）根据所掌握的相关知识，列出小麦播种的相关操作方法。
（4）列出小麦播种的工作计划。

任务实施

步骤一：确定播种期，分析当地小麦传统播种时期和气候热量资源特点。根据以上分析和土壤条件准备、播种机械准备等情况确定适宜的播种期。

步骤二：选择播种方式，根据本地情况选择合理播种方式。

步骤三：播种，在做好播前准备工作的基础上，根据种植计划要求计算播种量，并在播种机进地前进行播量调整，同时确定好播种深度和行距。调整好播种机后，进行播种。播种过程中进行随机检查，确保播种质量。观察记录播种地段是否行直垄正，覆土严实，有无重播、漏播现象。

步骤四：总结，针对在完成活动中遇到的问题及解决情况进行总结。

任务检测

链接 1-5

测试题

请扫码答题（链接 1-5）。

任务评价

班级：________　组别：________　姓名：________

表 1-6　小麦播种技术工作活动完成过程评价

项目	评分标准	自我评价	小组评价	教师评价
播期播量（30 分）	播期选择正确（10 分）			
	播量计算正确（10 分）			
	记录完整科学（10 分）			
播种方式（30 分）	播种方式合理（10 分）			
	播种科学、合理（10 分）			
	记录准确科学（10 分）			
活动完成过程（30 分）	能够根据工作任务资料，分析并制订工作计划（5 分）			
	认真思考，积极动手，动脑（5 分）			

（续表）

<table>
<tr><th colspan="2">项目</th><th>评分标准</th><th>自我评价</th><th>小组评价</th><th>教师评价</th></tr>
<tr><td colspan="2" rowspan="3">活动完成过程（30分）</td><td>积极参与小组合作与交流，配合默契，互帮互助（5分）</td><td></td><td></td><td></td></tr>
<tr><td>通过小组讨论与再学习完成工作（5分）</td><td></td><td></td><td></td></tr>
<tr><td>具有认真严谨的科学态度（10分）</td><td></td><td></td><td></td></tr>
<tr><td colspan="2">活动效果（10分）</td><td>整体的效果（很好10分；较好7～9分；一般3～6分；较差0～2分）</td><td></td><td></td><td></td></tr>
<tr><td colspan="3">合计</td><td></td><td></td><td></td></tr>
<tr><td>自我评价与总结</td><td colspan="5"></td></tr>
<tr><td>教师点评</td><td colspan="5"></td></tr>
</table>

任务实训

选择适应当地气候和土壤条件的小麦品种。完成种子质量检查，确保种子发芽率和纯度达标。对种子进行处理，如药剂拌种、晒种等。对土地进行深耕和细耙，以提高土壤的肥力和通气性。清除土地中的杂草和石块，为小麦生长创造良好的环境。根据小麦品种和土地条件选择合适的播种方式，如条播、撒播等。控制播种深度和密度，确保小麦生长均匀。使用播种机进行播种时，要注意调整播种机的参数，确保播种质量。根据以上小麦播种时要完成的工作，拟定一份小麦种植方案，写明注意事项。

树立正确劳动价值观

在小麦种植的过程中，需要进行播种、除草、浇水等工作。应根据播种的时间和气候条件选择适合的品种和时期进行播种。之后再进行除草、施肥、浇水等管理工作，以保证小麦的健康生长和高产。小麦种植需要有严谨的工作态度精确计算播期和播量，也需要吃苦耐劳的踏实精神，是需要辛勤劳动的农业活动。通过参与小麦播种，同学们可以深刻体验到劳动的艰辛和价值，认识到劳动是创造财富和幸福的源泉。

农业劳模申纪兰，从1954年当选第一届全国人大代表，到2008年当选第十一届全国人大代表，她是全国唯一的一位从第一届连任到第十一届的全国人大代表，被国际友人称为资格最老的“国会议员”。申纪兰的家在太行山脉的西沟村。这里山是石头山，沟是石头沟，自然条件十分恶劣。为了改变家乡的贫穷面貌，申纪兰带着“娘子军”每天天不亮就上山，天黑了才回家，苦干多年后，光秃秃的荒山终于披上了绿装。1950年，申纪兰联络了十多个要好的姐妹加入互助组，后来，她又与著名劳模李顺达携手创办了闻名全国的“西沟金星农林牧生产合作社”，并被大伙推选为副社长，从此，申纪兰的事迹逐渐传遍了全国。从劳模申纪兰吃苦耐劳的事迹中可以看到，劳动不仅是谋生的手段，更是通向客观世界与主观世界的媒介，也是实现人性至美至善、彻底自由的必由之路。劳动能够创造物质财富，更能创造精神财富，我们必须珍惜劳动成果，尊重劳动人民。

任务三　小麦田间管理技术

任务导入

高效田间管理能提高农作物的品质，从而提高农作物的市场价值和农民的收益。田间管理是农业生产过程中的重要环节，对于农作物的生长、发育和产量都有着至关重要的影响。通过科学、合理的田间管理，可以有效地提高农作物的品质和产量，从而实现农业生产的可持续发展。

科学的田间管理能够为农作物提供良好的生长环境，包括土壤、水分、养分和空气等，从而保证农作物正常的生长发育，减少病虫害的发生，最终实现农作物产量的提高。

农作物的品质是其市场价值的重要体现，而田间管理是提高农作物品质的重要手段之一。通过科学、合理的田间管理，可以促进农作物的健康生长，提高其抗逆性，减少病虫害的发生，从而使得农作物更加健康、安全、优质。

农作物生长过程中需要吸收各种营养元素，如氮、磷、钾、钙、镁等元素，以及一些必要的微量元素。通过科学的田间管理，可以根据农作物的生长需求，合理地施用各种肥料，从而保证农作物所需的各种营养成分得到满足，进而提高农作物的营养价值。

农作物的抗逆性是指其适应环境变化的能力，通过科学的田间管理，可以改善农作物的生长环境，比如调节土壤湿度、改善土壤结构、增加空气湿度等，从而提高农作物的抗旱、抗寒、抗病虫害等能力。

农作物的口感是其品质的重要组成之一。通过科学、合理的田间管理，可以改善农作物的生长环境，比如土壤结构、水源质量、气候条件等，从而影响农作物的生长和发育过程。同时还可以根据不同农作物品种的特点和需求，采用相应的种植技术和管理措施，从而改善农作物的口感和风味。

任务工单

班级________ 姓名________ 学号________

<table>
<tr><td>任务名称</td><td colspan="4">小麦田间管理技术</td></tr>
<tr><td>任务描述</td><td colspan="4">根据实际情况，填写本任务的内容、目的、流程和方法。
任务内容：________________。
任务目的：________________。
任务流程：________________。
任务方法：________________。</td></tr>
<tr><td>获取信息</td><td colspan="4">要完成任务，需要掌握相关的知识。请收集资料，回答以下问题：
1. 小麦田间管理的目的是什么？
2. 小麦田间管理分几个时期，每个时期主要的管理重点是什么？
3. 小麦补苗要注意哪些方面？
4. 生长期浇水施肥应注意哪些方面？
5. 小麦常见病害防治方法有哪些？</td></tr>
<tr><td>制订计划</td><td colspan="4">根据小麦田间管理技术任务，制订相应的工作计划。</td></tr>
<tr><td rowspan="6">任务实施</td><td colspan="4">按照预先制订的工作计划，完成本任务，并记录任务实施过程。</td></tr>
<tr><td>序号</td><td>完成的任务</td><td>遇到的问题</td><td>解决办法</td></tr>
<tr><td></td><td></td><td></td><td></td></tr>
<tr><td></td><td></td><td></td><td></td></tr>
<tr><td></td><td></td><td></td><td></td></tr>
<tr><td></td><td></td><td></td><td></td></tr>
</table>

（续表）

任务名称	小麦田间管理技术					
任务评价	评价表					
	项目	评价内容	分值	自评	互评	师评
	知识技能	查苗补苗得当	10			
		追肥科学、合理	10			
		中耕培土及时，疏枝操作合理、有效	10			
		除草及时	10			
		病虫害防治科学得当	10			
		灌水科学及时、有效	10			
	任务进度	提前完成 10 分；正常完成 7～9 分；超时完成 3～6 分；未完成 0～2 分	10			
	任务质量	整体效果很好为 10 分；较好 7～9 分；一般 3～6 分；较差 0～2 分	10			
	素养表现	遵规守纪，独立思考，严谨求实，活学活用	10			
	思政表现	有家国情怀、生态情怀，有学农爱农意识	10			

任务准备

• 知识准备

小麦生长发育过程中，麦田管理的任务：一是通过肥水等措施满足小麦对肥水等条件的要求，保证植株良好发育；二是通过保护措施防御（治）病虫草害和自然灾害，保证小麦正常生长；三是通过促控措施使个体与群体协调生长，实现精准栽培目标。

（一）播后管理

小麦播种后，如果土壤干燥，含水量低于 15%，会造成发芽不齐，出苗不全，应及时灌水但要防止大水浸灌，以免造成塌畦和土壤板结；沟灌时水灌至半沟或平沟即止，到畦面湿润后，立即排干。宽畦沟灌结合泼浇，可以缩短灌水时间，效果更佳。播后如遇大雨，土壤板结，或土壤水分过多（0～30 cm 土层含水量超过 30%），要注意排水；雨过天晴，及时疏松表土，以增加土壤空气，促使麦粒发芽出苗。出苗后要及时查苗、补缺。补种后浇稀薄水粪，促使发芽出苗，赶上早苗。

（二）麦田水分管理

小麦一生的耗水量约为 500 mm，水分过多、过少对小麦生长发育均不利。在小麦生育期间，要根据土壤水分状况及时进行排灌，保持土壤适宜的水分，这是稳产高产的重要保证。南方麦区小麦生长期间雨水多，不少地区，特别是平原稻区往往湿害严重，造成根系早衰，叶片枯黄，并诱发多种病害和高温迟熟，对小麦产量影响很大。因此，要搞好农田灌排系统，降低麦田地下水位，并在麦田开好四沟（直沟、横沟、畦沟和隔水沟），做好沟渠配套，防止“三水”（地面水、潜层水、地下水）湿害。在种麦前建立良好的灌排系统，达到雨停田干，潜层水位降至 30 cm 以下。小麦生育后期，小麦开花灌浆后，就不要大水浸灌，以防止小麦倒伏，导致减产和影响小麦品质。

（三）中耕除草

在冬季封冻前 11 月 1—25 日进行，过早或过晚，都对小麦生长不利。

南方麦区冬季温暖、土质黏湿，杂草多，必须及时中耕除草。中耕可以消灭杂草，疏松土壤，减少水分蒸发，增加土壤通气性，促进土壤养分释放，提高地温，有利于根系和分蘖生长。一般第 1 次中耕在开始分蘖时进行，此时苗小根浅，中耕宜浅；第 2 次中耕在分蘖盛期进行，这时苗大根深，且群体茎蘖数已达到预期指标，可以深耕。年后根据麦苗生长和土壤结构情况决定是否进行中耕，对徒长旺苗，可以拔节前进行深中耕，切断部分根系，控制地上部生长，促使小分蘖加快死亡，改善群体透光条件，以利形成壮秆大穗。

化学除草是减轻种麦劳动强度和防止草荒的有效措施，尤其是在稻茬免耕撒播麦田，是夺取高产的关键。稻茬免耕麦田，采用播前和出苗后二次化学除草，即在播种前 15 d 左右，用 41% 草甘膦 200 mL，兑清水 60 kg 喷雾；出苗后除草可根据杂草类型选用相应的药剂，以禾本科杂草为主的麦田，每亩[①]施 6.9% 精噁唑禾草灵水乳剂 50 mL，在杂草 2～4 叶期，兑水 60 kg 喷雾；以阔叶草为主的麦田，每亩用苯磺隆 15 g，在杂草 2～4 叶期，兑水 60 kg 喷雾；对于单、双叶杂草混合发生麦田，每亩用 70% 麦草净 70 g，在小麦 1 叶 1 心期至 2 叶 1 心期，兑水 60 kg 喷雾。

（四）防止倒伏

小麦倒伏有根倒伏和茎倒伏两种。根倒伏是由于耕作层浅，土壤结构不良，播种浅或因土壤水分过多，根系发育不良造成的。茎倒伏是由于氮肥施用过多或施用时间不当或灌溉不当，中部叶片徒长或密度过大，群体生长过旺，通风透光不良，以致基部节间柔弱，遇大风雨茎的下弯力超过了茎秆的抗弯力，植株就顺着风向弯曲或折断而倒伏。

小麦在乳熟期最易发生倒伏，因为这时麦粒的重量增加很快，茎秆内的储存物质和作为茎秆骨架的结构物质，如纤维素、木质素、果胶等部分分解向籽粒运送，

① 亩为非法定计量单位，1 亩 ≈666.7 m^2。下同。

从而降低了茎秆的强度。

小麦倒伏后，常因茎秆重叠，造成群体郁闭，光合作用强度降低，田间湿度增加，病害加重，以致灌浆不足，结实不良，麦粒皱缩，产量降低，品质恶化，并造成收获困难。

防止小麦倒伏的对策主要如下：

（1）选用秆矮、耐肥抗倒的品种。

（2）适时适量播种。适时播种可充分利用年前温光条件，早出苗、早分蘖，年内苗足，春发苗少，为壮苗高产打下基础。稀播匀播，有利于麦苗生育健壮，群体适中，是防止群体恶化和预防倒伏的重要基础。

（3）合理施肥。肥料用量适当，采用“两促”法施肥，控制腊肥，增施有机肥和磷钾肥。

（4）培土压泥。在 4～5 叶期，结合清沟，利用沟泥培土压麦，抑制迟生小分蘖，延缓主茎生长，促进根系发育，使个体生育健壮，抗倒能力增强。

（5）镇压敲麦。对旺长麦苗，在 3 叶期后至拔节期前进行多次敲麦或压麦，抑制麦苗生长，使茎秆矮壮，茎壁增厚，提高抗倒能力。但要注意田土过硬或过烂时不能敲，以免敲坏麦叶或泥土粘住麦叶。

（6）喷施植物生长延缓剂。在小麦拔节前，每亩用 200～300 mg/kg 多效唑溶液 50 kg，叶面喷施。使用时要注意浓度不宜过大，喷雾时要均匀，否则会造成抽穗延迟、穗形变小等不良影响。

（7）注意小麦生长发育后期不要大水浸灌，如遇大雨，及时排出田间积水。

（五）防治病虫害

小麦生育期间常发生多种病虫害，南方麦区小麦的主要病虫害有赤霉病、白粉病、锈病、纹枯病、全蚀病、茎腐病、黏虫和麦蚜。目前以赤霉病和白粉病的为害最为严重，赤霉病和白粉病均为伴湿性病害，在防治上要综合运用农业技术措施，首先是选用抗病品种，其次是科学施肥，再次是田间管理。开沟排水，降低田间湿度，以减轻病害的发生和蔓延。赤霉病的药剂防治，可用稀释 500～1 000 倍浓度的多菌灵或稀释 700～1 400 倍浓度的甲基硫菌灵，每亩喷药液 100 kg。正常天气，在始花前后和盛花期各喷一次，在多雨天气，抓住齐穗期至盛花期抢晴喷药，可有效减轻病害。白粉病可用 25% 可湿性粉剂三唑铜，每亩用量 40～60 g，加水 50 kg，在发病初期喷雾。

黏虫和麦蚜的防治可用 40% 乐果乳剂 1 500～2 000 倍液，每亩喷药液 75～100 kg。

• 工具准备

肥料施肥器、除草器、犁、铁锹、喷雾器、割草机、智能环境监测器。

• 人员准备

人员及任务分工见表 1-7。

表 1–7　小麦田间管理技术任务分工

任务角色	任务内容
组长：	任务：确定工作内容，分配工作任务，完成田间管理
组员 1：	任务：参与讨论，完成前期管理
组员 2：	任务：参与讨论，完成中期管理
组员 3：	任务：参与讨论，完成后期管理
组员 4：	任务：参与讨论，做好协助工作，完成记录

任务筹划

（1）根据所掌握的相关知识，列出田间管理的工作内容和计划。

（2）根据所掌握的相关知识，列出小麦田间管理每一项的操作方法。

（3）列出小麦田间管理的工作计划。

任务实施

步骤一：前期管理。小麦的前期管理主要集中在播种至出苗以及苗期管理阶段，这个阶段的管理对小麦的整个生长周期至关重要，直接影响小麦的生长发育和产量。

（1）查苗补种，确保苗齐苗壮。

（2）加强水肥管理，根据小麦生长需要适时追肥、浇水。

步骤二：中期管理。小麦的中期管理主要集中在分蘖期至拔节期，这个阶段是小麦生长最为旺盛的时期，也是产量形成的关键时期。

（1）水肥管理。

（2）病虫害防治。

（3）除草和松土。

步骤三：后期管理。小麦的后期管理主要集中在抽穗期至成熟期，这个阶段是小麦籽粒形成和产量提升的关键时期。

（1）水肥管理。

（2）病虫害防治。

（3）收获管理。

步骤四：总结。针对在完成活动中遇到的问题及解决情况进行总结。

任务检测

链接 1–6

请扫码答题（链接 1-6）。

测试题

任务评价

班级：＿＿＿＿＿＿　　组别：＿＿＿＿＿＿　　姓名：＿＿＿＿＿＿

表 1-8　小麦田间管理技术工作任务完成过程评价

项目	评分标准	自我评价	小组评价	教师评价
肥水管理（30 分）	前期（10 分）			
	中期（10 分）			
	后期（10 分）			
中耕管理（30 分）	前期（10 分）			
	中期（10 分）			
	后期（10 分）			
活动完成过程（30 分）	能够根据工作任务资料，分析并制订工作计划（5 分）			
	认真思考，积极动手，动脑（5 分）			
	积极参与小组合作与交流，配合默契，互帮互助（5 分）			
	通过小组讨论与再学习完成工作（5 分）			
	具有认真严谨的科学态度（10 分）			
活动效果（10 分）	整体的效果（很好 10 分；较好 7～9 分；一般 3～6 分；较差 0～2 分）			
合计				
自我评价与总结				
教师点评				

任务实训

小麦生长发育过程中需要进行必要的水肥管理，及时追肥、浇水，保持土壤湿润，注意氮、磷、钾等养分的均衡供应才能保证小麦高产、稳产。病虫害防治方面，定期检查小麦生长情况，发现病虫害及时防治，采用物理、生物、化学等综合防治手段，减少农药使用。除草应及时清除田间杂草，减少杂草与小麦争抢养分和水分。根据小麦田间管理在水肥、病虫害防治和田间除草 3 方面需求，拟定一份该生长阶段小麦所需要的田间管理措施及方案。

我国小麦科技发展

育成小麦新品种大面积推广应用，支撑种源自主可控。2022 年，国家小麦产业技术体系遗传改良研究室收集评价小麦种质资源 9 380 份，引进包括东方小麦、阿拉拉特小麦、提莫菲维小麦等 261 份，从中筛选出产业急需的强抗旱种质、高抗穗发芽和强筋高抗茎基腐病等资源。不断优化和改良小麦育种技术与方法，如小孢子离体诱变技术、高通量突变基因筛选 TILLING 技术等。

国家小麦产业技术体系年均育成小麦新品种 130 个。其中，2022 年育成国审品种 54 个、省审品种 70 个。15 个品种入选 2022 年农业农村部主导品种，占全国小麦生产主导品种的 60%；所育成冬小麦品种年推广面积占全国总面积的 36% 以上，超过 1.05 亿亩。

小麦主要病虫害监测防控与致病机制解析获重大突破。国家小麦产业技术体系病虫草害防控研究室从感病基因入手来解析致病机制、培育抗病品种，是一种全新的病虫害防控策略。

农业农村科技创新，加快实现农业科技自立自强对于建设新时代中国特色社会主义农业强国具有重要的意义。对全面贯彻落实党的二十大精神，锚定加快建设农业强国目标，强化基础研究、技术研发、集成配套和成果推广应用全链条部署，推动体系、项目、人才、资金一体化配置，通过高水平农业农村科技自立自强支撑粮食和重要农产品稳定安全供给、乡村全面振兴和农业高质量发展提供根本动力。

知识拓展

链接 1–7

《小麦条锈病测报技术规范》（GB/T 15795—2011）

链接 1–8

《小麦赤霉病测报技术规范》（GB/T 15796—2011）

任务四　小麦收获技术

任务导入

随着农业现代化的推进，小麦作为我国重要的粮食作物之一，其收获工作愈发受到重视。本次小麦收获技术任务旨在通过科学规划、精细操作，确保小麦收获的高效、安全、优质，为农民带来更好的经济效益。

为安全收获小麦，确保小麦质量，提高收获效率，本次收获过程要严格遵守农机作业安全规程，确保人员和设备的安全，预防安全事故的发生。通过合理安排收获时间、选择适宜的收获方式，保证小麦的品质和产量，降低杂质率和损失率。通过机械化、自动化等现代技术的应用，缩短收获周期，提高收获效率，降低人力成本，及时做好小麦的科学收获各项工作。

任务工单

班级＿＿＿＿＿＿＿＿　姓名＿＿＿＿＿＿＿＿　学号＿＿＿＿＿＿＿＿

任务名称	小麦收获技术
任务描述	根据实际情况，填写本任务的内容、目的、流程和方法。 任务内容：＿＿＿＿＿＿＿＿＿＿＿＿＿＿＿＿＿＿＿＿＿＿＿＿ ＿＿＿＿＿＿＿＿＿＿＿＿＿＿＿＿＿＿＿＿＿＿＿＿＿＿＿＿。 任务目的：＿＿＿＿＿＿＿＿＿＿＿＿＿＿＿＿＿＿＿＿＿＿＿＿ ＿＿＿＿＿＿＿＿＿＿＿＿＿＿＿＿＿＿＿＿＿＿＿＿＿＿＿＿。 任务流程：＿＿＿＿＿＿＿＿＿＿＿＿＿＿＿＿＿＿＿＿＿＿＿＿ ＿＿＿＿＿＿＿＿＿＿＿＿＿＿＿＿＿＿＿＿＿＿＿＿＿＿＿＿。 任务方法：＿＿＿＿＿＿＿＿＿＿＿＿＿＿＿＿＿＿＿＿＿＿＿＿ ＿＿＿＿＿＿＿＿＿＿＿＿＿＿＿＿＿＿＿＿＿＿＿＿＿＿＿＿。
获取信息	要完成任务，需要掌握相关的知识。请收集资料，回答以下问题： 1. 小麦收获的时间如何掌握，有怎样的要求？ 2. 小麦收获机械有哪些？ 3. 小麦收获的要求有哪些？

（续表）

<table>
<tr><td>任务名称</td><td>小麦收获技术</td></tr>
<tr><td>获取信息</td><td>4. 小麦收获后科学储藏的条件有怎样的要求？</td></tr>
<tr><td>制订计划</td><td>根据小麦收获技术任务，制订相应的工作计划。</td></tr>
<tr><td>任务实施</td><td>按照预先制订的工作计划，完成本任务，并记录任务实施过程。
<table>
<tr><td>序号</td><td>完成的任务</td><td>遇到的问题</td><td>解决办法</td></tr>
<tr><td></td><td></td><td></td><td></td></tr>
<tr><td></td><td></td><td></td><td></td></tr>
<tr><td></td><td></td><td></td><td></td></tr>
<tr><td></td><td></td><td></td><td></td></tr>
</table></td></tr>
<tr><td>任务评价</td><td>
<table>
<tr><td colspan="6">评价表</td></tr>
<tr><td>项目</td><td>评价内容</td><td>分值</td><td>自评</td><td>互评</td><td>师评</td></tr>
<tr><td rowspan="6">知识技能</td><td>小麦收获时机得当</td><td>10</td><td></td><td></td><td></td></tr>
<tr><td>小麦收获工具应用合理</td><td>10</td><td></td><td></td><td></td></tr>
<tr><td>小麦收获方法科学</td><td>10</td><td></td><td></td><td></td></tr>
<tr><td>小麦收获操作安全</td><td>10</td><td></td><td></td><td></td></tr>
<tr><td>小麦收获操作合理</td><td>10</td><td></td><td></td><td></td></tr>
<tr><td>储藏条件控制良好</td><td>10</td><td></td><td></td><td></td></tr>
<tr><td>任务进度</td><td>提前完成 10 分；正常完成 7～9 分；超时完成 3～6 分；未完成 0～2 分</td><td>10</td><td></td><td></td><td></td></tr>
<tr><td>任务质量</td><td>整体效果很好为 10 分；较好 7～9 分；一般 3～6 分；较差 0～2 分</td><td>10</td><td></td><td></td><td></td></tr>
<tr><td>素养表现</td><td>遵规守纪，独立思考，严谨求实，活学活用</td><td>10</td><td></td><td></td><td></td></tr>
<tr><td>思政表现</td><td>有家国情怀、生态情怀，有学农爱农意识</td><td>10</td><td></td><td></td><td></td></tr>
</table></td></tr>
</table>

任务准备

- **知识准备**

一、收获

（一）收获时期的确定

根据不同的作物栽培目的，确定适宜的作物产品收获时期，对提高作物产量和品质都有良好的作用。过早收获，由于未达到成熟期，产量和品质都会降低；收获过迟，往往由于气候条件不适，如阴雨、干旱、低温等引起产品发芽、霉变、落粒或工艺品质降低等损失，同时还会影响后茬作物的适时播栽。因此必须强调适期收获。

以收获种子或果实的作物，其收获适期一般为生理成熟期。禾谷类作物由于穗子在植株上部，种子的成熟期基本一致，以在蜡熟末期到完熟初期收获为好。棉花因结铃部位不同，成熟不一致，以棉铃正常开裂吐絮采收为宜。油菜为无限花序，开花结角延续时间较长，且成熟后易裂角损失，以全田 70%～80% 的植株黄熟，角果呈黄绿色，分枝上部尚有部分角果呈绿色时为收获适期。豆类以茎秆变黄，植株下部叶片脱落，种子呈固有色泽时为收获适期。花生一般以大部分荚果已饱满，中下部叶片脱落，上部叶片转黄，茎秆变黄色时为收获适期。

甘薯等以收获地下块根、块茎营养器官的作物，没有明显的成熟期，地上部分茎叶也无明显的成熟标志，一般以地上部茎叶停止生长，叶片变黄，地下储藏器官膨大基本停止，干物重达最大时为收获适期。同时还可根据气候条件、产品用途等适当提前或推迟。

烟草等收获营养器官的作物，一般应以工艺成熟期为收获适期。由于烟草叶片自下而上顺序成熟，凡叶片由深绿色转为黄绿色，叶变厚起黄斑，叶面茸毛脱落，有光泽，叶片与茎的夹角变大，叶尖下垂，主脉变乳白且发亮变脆时，为收获适期。

（二）收获方法

作物收获方法因作物种类而异，常见的有以下几种。

1. 刈割法

禾谷类作物和豆类作物多采用此法，一般以人工为主，用镰刀刈割后脱粒。机械化程度高的地区用联合收割机进行。

2. 摘取法

棉花等作物多采用此法，即在正常裂铃吐絮后，用人工采摘。大型农场多采用机械收花。

3. 挖取法

甘薯、马铃薯等块根、块茎作物多采用此法。一般先将作物地上部分用镰刀割去或直接拔除，然后用农具挖掘。也可直接采用挖掘机进行机械收获。

二、储藏

农作物产品收获后应根据用途及时储藏。

禾谷类作物、油料作物和棉花等的产品收获后，应立即晒干（烘干）、扬净后储藏。棉花还要强调分收、分晒、分藏，以提高其品级。

甘薯储藏在于延长保鲜时间或作种用。常用的储藏方法有高温大屋窖、地窖等。为保证储藏效果，在收获和储藏过程中，应尽量避免损伤，及时去除病伤薯块，及时入窖，调节好窖内的温度，并加强储藏期间的管理。

三、测产

测产是分析评价栽培措施效果的重要依据。适时收获对提高小麦的产量和品质具有重要意义。

（一）小麦测产前期准备

1. 选择样本区域

在小麦田间选择具有代表性的样本区域，确保该区域能反映整体小麦的生长情况。

2. 划定样本区域

在选定的样本区域内，使用标杆或绳子等工具划定一个固定的采样区域，通常面积为 1 m² 或更大（如 10 m × 10 m 或 20 m × 20 m）。

（二）小麦测产取样方法

1. 理论测产取样

在万亩小麦示范方内选取 3～5 个地块，每个地块选取 9 个样点。等行距地块使用“一米双行”或“一米四行”的面积计数样点内的穗数。随机抓取 20 个穗，计算穗粒数，取平均值得出平均穗粒数。利用理论产量公式进行计算，包括亩穗数、穗粒数、千粒重等因素。

2. 实收测产取样

在万亩小麦示范方内随机选取 3～5 个地块进行实收测产。实际收获 0.1 亩左右的小麦麦穗进行称重，并计算麦穗出籽率。测定烘干小麦籽粒的含水量，取平均值。利用实收测产公式进行计算，得出取样产量，进而推算实收产量。

（三）小麦测产的技术方法

1. 样方法

通过在田间随机选取若干个样方，对每个样方内的小麦进行收获和称重，然后计算出每亩小麦的产量。

2. 直接测量法

适用于小麦田块比较规整、面积较小的情况。直接对整个田块进行收获和称重，计算出每亩小麦的产量。

3. 遥感技术

利用卫星遥感技术对小麦田块进行测量，可以快速、准确地获取小麦田块的面积和产量。但需要专业的遥感技术人员对遥感图片进行处理和分析。

（四）小麦测产注意事项

（1）采样时要随机选择样本，避免选择过多或过少的优势植株，以保证样本的代表性。

（2）采样区域的选择要慎重，应涵盖整个田地的不同部位，避免仅在某一小块区域采样导致数据偏差。

（3）在采集样本时，要注意避免人为误操作，确保样本的完整性和准确性。

（4）测量样本产量时，要使用准确的工具并遵循操作规范，确保称重的准确性。

（5）统计分析时，要对数据进行合理的处理和计算，避免错误的统计方法导致结果偏差。

• 工具准备

铁锹、锄头、铲子、手套、叉子、小型收割机、叉车、编织袋、箩筐、塑料袋、干沙、干土、种子袋、脱粒机等。

• 人员准备

人员及任务分工见表 1-9。

表 1-9　小麦收获技术任务分工

任务角色	任务内容
组长：	任务：确定工作内容，分配工作任务，完成收获储藏
组员 1：	任务：参与讨论，咨询专业人员、查询相关资料确定正确的收获储藏方法
组员 2：	任务：参与讨论，查询相关资料，确定收获方法
组员 3：	任务：参与讨论，根据讨论结果完成小麦收获
组员 4：	任务：参与讨论，根据讨论结果完成小麦储藏

任务筹划

（1）根据所掌握的相关知识，选择小麦收获的日期。

（2）根据所掌握的相关知识，列出小麦收获器具选择。

（3）列出小麦收获及储藏的人员分配和实施计划。

（4）列出小麦收获的质量监控要求。

任务实施

步骤一：农机和人员准备。提前检修和维护农机设备，确保收获机械的正常运转；准备好足够的备用零部件，以便在作业过程中及时更换。组织好收获团队，明确各自职责和任务；对作业人员进行培训，使其掌握收获技能和注意事项。

步骤二：收获时间确定，收获方式选择。

步骤三：收获质量监控。组织好收获团队，明确各自职责和任务；对作业人员进行培训，使其掌握收获技能和注意事项。

步骤四：收获作业流程。按照预定的作业流程进行收获，包括开机准备、作业前检查、开始收获、收获过程监控、收获结束清理等步骤。在作业过程中，要密切关注设备运转情况和小麦收获质量，及时调整作业参数和方式。

步骤五：总结。针对在完成活动中遇到的问题及解决情况进行总结。

任务检测

链接 1-9

请扫码答题（链接 1-9）。

测试题

任务评价

班级：________　组别：________　姓名：________

表 1–10　小麦收获技术工作任务完成过程评价

项目	评分标准	自我评价	小组评价	教师评价
小麦收获（30 分）	收获方式科学（10 分）			
	收获操作合理（10 分）			
	记录完整（10 分）			
小麦储藏（30 分）	储藏方式科学（10 分）			
	储藏操作合理（10 分）			
	记录完整（10 分）			
活动完成过程（30 分）	能够根据工作任务资料，分析并制订工作计划（5 分）			
	认真思考，积极动手，动脑（5 分）			
	积极参与小组合作与交流，配合默契，互帮互助（5 分）			
	通过小组讨论与再学习完成工作（5 分）			
	具有认真严谨的科学态度（10 分）			
活动效果（10 分）	整体的效果（很好 10 分；较好 7～9 分；一般 3～6 分；较差 0～2 分）			
合计				
自我评价与总结				
教师点评				

任务实训

1. 测产

记录结果整理填入下表中（表 1-11）。

表 1–11　测产结果记录

测产日期：

地块（品种）	每公顷有效穗数 / 穗	平均每穗粒数 / 粒	千粒重 /g	理论产量 /（kg/hm²）

2. 适时收获

小麦收获过早，千粒重低、品质差，脱粒也困难。收获过晚，易掉穗、掉粒，还会因呼吸作用及遇雨淋洗，使粒重下降。在小麦植株正常成熟情况下，粒重以蜡熟末期最高。

在大田生产条件下，因品种特性（落粒性）、天气、收割工具等不同，适宜收获期又有所变化。人工收割或机械分段收割的，割后至脱粒前，有一段时间的铺晒后熟过程，可在蜡熟末期收割。联合收割机则宜在完熟初期进行收获，过早收获籽粒含水量高，导致脱粒过程的机械损伤和脱粒不净，过晚会因掉穗、掉粒等增加损失。用作种子的适宜收获期应在蜡熟末期和完熟初期。

操作步骤：

（1）根据小麦生长状况、近期天气预报、机械、人力等预定收获期。

（2）根据收获日期，提前准备机械、用具等。

（3）实施田间收获，及时脱粒、晾晒、入仓。

注意事项：

以小麦生长成熟状况为主决定收获日期，但同时一定密切关注天气变化，若收获前后有雨，根据小麦生长状况注意适当调整收获日期。

收获后小麦应及时干燥，使籽粒含水量降至 13% 以下方可入仓。

追求真理、严谨求实

随着小麦收获工作的圆满结束，对本次收获过程中的各项工作进行反思和总结，不仅有助于发现存在的问题，更能为未来的农业生产提供宝贵的经验和教训。在小麦收获过程中，也存在环境保护问题。通过采用环保型机械、减少化肥农药使用等措施，努力降低对环境的污染。然而，在实际操作过程中，仍存在一些环境污染问题。例如，部分废弃物的处理不当可能导致土壤和水源污染。

农作物收获过程中会造成一定污染问题，包括农药残留问题，农药是农作物保护中不可或缺的化学物质，但过量使用或不当使用会导致农药残留。这些残留物可能对人体健康产生潜在危害，如致癌、致畸、致突变等。化肥过量使用问题，化肥是提高农作物产量的重要手段，但过量使用会导致土壤板结、肥力下降，同时还会造成水体富营养化，影响水体生态健康。收获机械污染问题，收获机械在作业过程中会产生噪声、粉尘和尾气等污染物，对周围环境和人体健康造成危害。储存与运输污染问题，农产品在储存和运输过程中可能受到微生物污染、化学污染和物理污染等，导致农产品质量下降和安全隐患。

可以通过推广绿色农业技术，减少化肥和农药的使用量，提高使用效率。加强收获机械的环境管理，减少污染物排放。完善农产品储存和运输设施，提高储存和运输效率，减少污染风险。加强废弃物资源化利用和无害化处理，减少环境污染和资源浪费等方面综合治理解决。

因此，需要进一步加强环境保护意识，采取有效措施减少环境污染；同时，要加强废弃物的管理和处理，确保环境安全。

知识拓展

链接 1-10

《小麦原种生产技术操作规程》
（GB/T 17317—2011）

项目二 玉米栽培技术

项目导读

玉米（*Zea mays* L.），别称玉蜀黍，又有苞谷、苞粟、苞米、苞芦、棒子、玉茭、六谷、珍珠米、观音粟等称谓。玉米的原产地是墨西哥。在我国，玉米主要生产地是在东北，华北、西南等地区，这些地区的气候和土壤条件非常适合玉米的生长。玉米是世界三大粮食作物之一，又是重要的饲料和工业原料作物，在世界粮食生产中占有十分重要的地位。

玉米的环境适应性极强，从炎热的赤道到寒冷的北极圈附近，从海平面以下 26 m 的盆地到海拔 3 000 m 以上的高原，均可种植。其中，美国的玉米带、中国的东北三省和黄淮平原、欧洲的中部和南部、南美洲的阿根廷等，都是世界玉米的主产区。

玉米是重要的饲料作物，素有“饲料之王”之称。无论是籽粒还是茎叶，玉米都称得上是优质饲料。其中，从抽雄到乳熟所收获的鲜茎叶含丰富的维生素，可作青饲料；乳熟到蜡熟所收获的鲜茎叶和果穗，可作青贮饲料；果穗收获后的茎叶，晒干后可作干饲料；脱粒后的玉米芯，经加工粉碎，也是较好的粗饲料。玉米可谓“一身无废物，全身都是宝”。

玉米的工业用途也很广泛，可制成乙醇、啤酒、乙醛、醋酸、丙酮、丁醇等 250 多种工业品。据报道，每 100 kg 玉米籽粒可制造：玉米粉 77 kg、淀粉 63 kg、葡萄糖 71 kg、油渣饼 3.6 kg、乙醇 44 L、油 1.8～2.7 L。此外，玉米芯可提抽糠醛，玉米秆可造纸及做隔音板等，果穗苞叶还可编织日用工艺品。

学习目标

（一）知识目标

（1）了解玉米作为主要粮食作物的重要意义。

（2）熟悉玉米的生活习性，了解玉米的生长环境。

（3）玉米的生长习性与基本生物学特性，包括生命周期、生长环境需求、重要生长阶段等。

（4）玉米栽培的基本技术，如种子处理、播种技术、施肥原则、灌溉方法、病虫害防治等。

（5）现代农业技术在玉米栽培中的应用，如农业生物技术、信息技术在玉米生产管理中的运用。

（6）玉米产量形成与品质提升的关键因素分析，了解提高玉米产量和品质的有效方法。

（7）了解主要玉米优良品种及特性。

（8）了解玉米常见病虫害及防治方法。

（9）初步掌握当地玉米种植规模现状、市场需求及供需关系动态情况。

（二）技能目标

（1）玉米栽培的实际操作能力，包括田间播种、施肥、灌溉、除草、病虫害防治等农事活动。

（2）现代农业机械的使用技能，如拖拉机、播种机、收割机等农业机械的操作与维护。

（3）农业数据分析与处理能力，能够运用现代信息技术对玉米生长数据进行采集、整理和分析。

（4）团队协作与沟通能力，能够与他人有效沟通，合作完成玉米栽培的相关任务。

（三）发展目标

（1）科学的态度与方法，能够运用科学的方法探究玉米栽培的相关问题，具备批判性思维能力。

（2）创新精神与实践能力，能够在玉米栽培实践中探索新方法、新技术，解决实际问题。

（3）环保意识与可持续发展观念，了解农业生产对环境的影响，树立绿色生产、可持续发展的理念。

（4）职业道德与责任心，能够遵守农业生产的法律法规，对农业生产的安全和质量负责。树立严谨求实的科学态度。能够严格按规范、标准一丝不苟地完成每一次野外田间实操工作，严谨求实，杜绝弄虚作假。

（四）思政目标

（1）树立正确的世界观、人生观和价值观，了解玉米栽培在国家粮食安全和经济发展中的重要作用。

（2）培养爱国主义精神，认识到农业生产对于国家繁荣稳定的重要意义，为国家的农业现代化贡献自己的力量。

（3）弘扬中华优秀传统农耕文化，传承和发扬勤劳、节俭、诚信等传统美德，树立文明新风。

（4）增强社会责任感和使命感，关注农业生产和农村发展，积极参与乡村振兴战略的实施。

链接 2-1

《青贮玉米品质分级》（GB/T 25882—2010）

任务一　玉米播前准备

任务导入

玉米是世界上种植面积最广泛的作物之一，全球玉米种植面积 2023 年达到 31 亿亩，其中，我国种植面积 6.5 亿亩，占全球玉米产量的 23%，美国种植面积 5.2 亿亩，占全球玉米产量的 32%，在世界粮食生产中占据着重要的地位。作为人类主要的农业生产物之一，玉米对人类的食品安全至关重要。同时，玉米的种植还可以促进土壤肥力，改善环境，为当地经济作出贡献。那么，种植玉米前需要做准备工作吗？需要做哪些准备呢？

玉米播种前的准备工作是获得高产的基础。为了保证玉米顺利播种获得高产，必须抓好玉米生产的每个环节，尤其是播种前的准备工作是取得玉米高产、稳产的基础。播种前的准备工作包括秸秆还田、深耕深松、播前整地、选用优种、种子处理等。

任务工单

班级＿＿＿＿＿＿＿＿　姓名＿＿＿＿＿＿＿＿　学号＿＿＿＿＿＿＿＿

任务名称	玉米播前准备
任务描述	根据实际情况，填写本任务的内容、目的、流程和方法。 任务内容：＿＿＿＿＿＿＿＿＿＿＿＿＿＿＿＿＿＿＿＿。 任务目的：＿＿＿＿＿＿＿＿＿＿＿＿＿＿＿＿＿＿＿＿。 任务流程：＿＿＿＿＿＿＿＿＿＿＿＿＿＿＿＿＿＿＿＿。 任务方法：＿＿＿＿＿＿＿＿＿＿＿＿＿＿＿＿＿＿＿＿。
获取信息	要完成任务，需要掌握相关的知识。请收集资料，回答以下问题： 1. 玉米播种前要做哪些准备？ 2. 玉米播种前的灌溉要求是什么？ 3. 玉米播种前如何整地？ 4. 玉米播种前是否需要施用底肥，如何施底肥？

（续表）

<table>
<tr><td>任务名称</td><td colspan="6">玉米播前准备</td></tr>
<tr><td>获取信息</td><td colspan="6">5. 播种前如何选用玉米良种？</td></tr>
<tr><td>制订计划</td><td colspan="6">根据玉米播前准备任务，制订相应的工作计划。</td></tr>
<tr><td rowspan="6">任务实施</td><td colspan="6">按照预先制订的工作计划，完成本任务，并记录任务实施过程。</td></tr>
<tr><td>序号</td><td>完成的任务</td><td colspan="2">遇到的问题</td><td colspan="2">解决办法</td></tr>
<tr><td></td><td></td><td colspan="2"></td><td colspan="2"></td></tr>
<tr><td></td><td></td><td colspan="2"></td><td colspan="2"></td></tr>
<tr><td></td><td></td><td colspan="2"></td><td colspan="2"></td></tr>
<tr><td></td><td></td><td colspan="2"></td><td colspan="2"></td></tr>
<tr><td rowspan="12">任务评价</td><td colspan="6">评价表</td></tr>
<tr><td>项目</td><td>评价内容</td><td>分值</td><td>自评</td><td>互评</td><td>师评</td></tr>
<tr><td rowspan="6">知识技能</td><td>选种结合当地实际，具有代表性</td><td>10</td><td></td><td></td><td></td></tr>
<tr><td>晒种操作科学合理</td><td>10</td><td></td><td></td><td></td></tr>
<tr><td>种子包衣方法得当、效果佳</td><td>10</td><td></td><td></td><td></td></tr>
<tr><td>地块选择科学适宜</td><td>10</td><td></td><td></td><td></td></tr>
<tr><td>整地措施合理有效</td><td>10</td><td></td><td></td><td></td></tr>
<tr><td>底肥施用科学、合理</td><td>10</td><td></td><td></td><td></td></tr>
<tr><td>任务进度</td><td>提前完成 10 分；正常完成 7～9 分；超时完成 3～6 分；未完成 0～2 分</td><td>10</td><td></td><td></td><td></td></tr>
<tr><td>任务质量</td><td>整体效果很好为 10 分；较好 7～9 分；一般 3～6 分；较差 0～2 分</td><td>10</td><td></td><td></td><td></td></tr>
<tr><td>素养表现</td><td>遵规守纪，独立思考，严谨求实，活学活用</td><td>10</td><td></td><td></td><td></td></tr>
<tr><td>思政表现</td><td>有家国情怀、生态情怀，有学农爱农意识</td><td>10</td><td></td><td></td><td></td></tr>
</table>

任务准备

• 知识准备

一、选地与选茬

（一）选地

选择地势平坦，耕层深厚（土层厚度 80 cm 以上为宜），肥力较高，营养元素丰富，保水保肥性能好，排灌方便的地块，土壤 pH 值为 5～8，最适宜的为 6.5～7.0，土质以黑土、黑黄土或沙壤土为宜，不宜选白浆土和盐碱土。

（二）选茬

前茬未使用长残效除草剂的大豆、小麦、马铃薯或玉米等肥沃的茬口，不要选用甜菜、向日葵、白菜等耗地较大的前茬。

二、整地与施肥

（一）耕整地

玉米播前土壤耕作包括深松、翻地、耙地、平整等工作任务，以下介绍玉米播种前进行的主要的土壤耕作方法。

1. 平翻耕法

平翻耕法是始终保持平整的耕作方法，由翻地、耙地和粉地等作业组成，翻地的过程是把上下土层交换位置，并把土地表面的大量草籽、害虫、病菌孢子、作物残茬落叶或有机肥翻到下面去，而把底土翻上来，也称基本耕作。一般由机引铧式犁或畜力引犁完成。翻地深度一般 14～18 cm 为浅翻，20～22 cm 为普通深度，22 cm 以上为深翻。耕翻方法包括全翻垡、半翻垡和分层翻垡。

2. 垄作耕法

垄作是创造人为小地势的土壤耕作方式，一般多用旧式畜力犁，或向两边分土的耠子，在播前或在作物行间将土分向两侧成一个高垄，培土的多少、垄的高低视作物栽种要求而定。一般垄高 14～18 cm，垄距 60～70 cm。

3. 旋耕法

利用旋耕机一次完成耕、耙、平、压等作业。一般耕深 12～15 cm。在南方水田上整地极为普遍，华北地区常用于麦茬整地，近年来也有用于秋耕整地，具有方便、效率高的特点，但也容易破坏土壤结构，长期应用旋耕会使耕层变浅。多次旋耕后应适当进行一次深耕深松。

4. 少耕或免耕法

少耕或免耕法是防风蚀、水蚀、减少水分蒸发的耕作方法，可根据当地条件结合具体情况适当采用。耕地质量的一般标准见表 2-1。

表 2-1　耕地质量的一般标准

项目	评价等级		
	优等	合格	不合格
时期	于规定的前半期完成	于规定期内完成	延晚
宜耕性	适宜	一般适宜	不适宜
深度	符合规定	宜	偏差大于 1 cm
耕深均匀性	全部耕地上保持一致	偏差小于 1 cm	偏差大于 1 cm
漏耕	无	偏差小于 1 cm	有
立、回垡	无	无	有
残茬、杂草	全部深埋	无	超过 5 处
地头、地边、地角	全部耕到	未埋杂草、残茬，在 1 hm^2 地上不超过 5 处，全部耕到	未全部耕到

5. 镇压

用机械播种多采用环形镇压器镇压；用耧播种的平作区多用石磙或木磙镇压；东北地区春季较干旱，一般在播种后，人工用脚在播种行上踩 1～2 遍（踩格子），然后再用木磙镇压 1 次。

6. 粉地

粉地又称盖地、擦地和耱地。

粉地经常与耙地连接使用。耙后粉地可粉平耙沟，平整地面，使地面形成一层紧密而疏松的覆盖层，减少蒸发。在冬季雨雪较多，经过冻融变酥的坷垃，可用粉地来破碎，春季雨后地面形成结皮的土壤，也可用粉地代替耙地来疏松表层。在镇压后为防止板结和水分丢失，也经常粉地。是平土，并有碎土和紧土的作用。在干旱地区能减少地面蒸发，起到保墒作用。粉地作用于表土的深度一般为 3 cm。粉地的工具是用荆条或其他耐摩擦树条编在框上而成。耙地质量的一般标准见表 2-2。

表 2-2　耙地质量的一般标准

项目	优等	合格	不合格
时期	规定的前半期完成	在规定期内完成	延期超过 2 d
宜耕性	宜	宜	不宜
耙深	符合规定	偏差在 1 cm 以内	偏差超过 1 cm
碎土程度	1 m^2 内少于 3 个土块	1 m^2 内有 3～5 个土块	1 m^2 超过 5 个土块
漏耙	无	无	有
地表平整度	平	平	不平
杂草、残茬切割情况	全部切割	全部切割	未全部切割

（二）秋整地

秋整地指的是秋季进行整地，秋整地是农村秋季工作的组成部分，是一季管两年的重要环节。东北秋、冬、春降水量少，只有保住土壤中有限的水量不失墒，春播时才能保证及时播种，出全苗、出齐苗、出壮苗。实践证明秋整地比春整地好，秋整地的项目有平翻、深翻、深松、旋耕、耙地、起垄、根茬粉碎还田等多项作业，它们的作用与好处各有各的不同。秋整地的好与坏，直接影响到农作物的产量与品质，关系到农民的经济收入。

（三）玉米需肥规律与施肥技术

1. 玉米施肥规律

（1）玉米整个生育期内对养分的需求量。玉米属于需肥较多的作物，通常随着产量的提高，所需营养元素量也会增加。玉米全生育期从土壤中吸收多种矿质营养元素，其中以氮素最多，钾次之，磷居第 3 位。玉米对微量元素尽管需求较少，但不可忽视，特别是随着施肥水平的提高，微肥的增产效果更加明显。综合国内外资料，一般每生产 100 kg 籽粒，需要吸收氮 2.2～4.2 kg，磷（P_2O_5）0.5～1.5 kg，钾（K_2O）1.5～4 kg，肥料三要素比例约为 3∶1∶2。其中，春玉米每生产 100 kg 籽粒，吸收氮、磷（P_2O_5）、钾（K_2O）分别为 3.47 kg、1.14 kg 和 3.02 kg，氮∶磷∶钾为 3∶1∶2.7。

（2）不同生长时期玉米对养分的需求特点。玉米苗期生长缓慢，施足底肥，施好种肥可满足其需要。拔节以后至抽雄前，茎叶生长旺盛，是玉米一生中养分需求最多的时期，必须供应较多的养分，达到穗大、粒多的目的。抽雄吐丝以后，籽粒灌浆时间较长，需要供应一定量的肥、水，防止早衰，确保正常灌浆。春玉米需肥有两个关键时期，一是拔节至孕穗期；二是抽雄至开花期。

玉米营养临界期：临界期对养分需求并不大，但养分要全面，比例要适宜。这个时期营养元素过多过少或者不平衡，对玉米生长发育都将产生明显不良影响，而且以后无论怎样补充缺乏的营养元素都无济于事。

玉米营养最大效率期：最大效率期在大喇叭口期。这是玉米养分吸收最快最大的时期。这期间玉米需要养分的绝对数量和相对数量都最大，吸收速度也最快，肥料的作用最大，此时肥料施用量适宜，玉米增产效果最明显。

氮：春玉米从苗期到拔节期吸收的氮占总氮量的 9.24%，拔节期到授粉期吸收的氮占总氮量的 64.85%，授粉期至成熟期，吸收的氮占总氮量的 25.91%。在玉米全生育期中，氮肥吸收有两个高峰期，一是拔节期，吸收量占总氮量的 25% 左右；二是大喇叭口期至抽雄期，吸收量占总氮量的 30% 左右。玉米氮素临界期通常在营养生长转向生殖生长的时期。

磷：春玉米苗期至拔节期吸收的磷占总磷的 4.3%，拔节期至授粉期吸收磷占总磷量的 48.83%，授粉期至成熟期，吸收的磷占总磷量的 46.87%。玉米磷素营养临界期在 3 叶期，一般是种子营养转向土壤营养时期。

钾：春玉米苗期对钾的吸收积累慢，数量少，拔节前钾的积累量占总钾量的10.97%，拔节后吸收量急剧上升，拔节期到授粉期积累量占总钾量的85.1%，籽粒形成期处于静止状态。

2. 玉米施肥技术

（1）底肥。有机肥、全部磷肥、1/3 氮肥、全部的钾肥作底肥或种肥。可结合犁地起垄一次施入播种沟内，使肥料施到 10～15 cm 的耕层中。所有的化肥都可作底肥。

（2）种肥。种肥是最经济有效的施肥方法。种肥的施用方法多种，如拌种、浸种、条施、穴施。拌种：可选用腐植酸、生物肥以及微肥，将肥料溶解，喷洒在玉米种子上，边喷边拌，使肥料溶液均匀地沾在种子表面，阴干后播种。浸种：将肥料溶解配成一定浓度，把种子放入溶液中浸泡 12 h，阴干后随即播种。条施、穴施：化肥适宜条施、穴施，作种肥化肥用量 2～5 kg。但肥料一定与种子隔开；深施肥更好，深度以 10～15 cm 为宜。尿素、碳酸氢铵、氯化铵、氯化钾不宜作种肥。

（3）追肥。剩下 2/3 氮肥作追肥。追肥分苗肥、秆肥、穗肥和粒肥 4 种追肥时期。

三、优良品种的选用

（一）玉米优良品种选择原则

品种是指一个种内具有共同来源和特有一致性状的一类栽培植物，其遗传性稳定，且有较高的经济价值。选择优良玉米品种应遵从以下几点。

1. 要根据品种的生育期和热量要求选用适宜的良种

北方地区如为春玉米，应选用生育期较长，增产潜力较大的品种，但要保证其霜前成熟。通常选用品种生育期内所需的活动积温应低于当地玉米生长季节活动积温 200～300℃。如为夏玉米品种则应越早播越好，当然也得根据当年气候条件，抢时早播是夏玉米获得高产的重要条件。

2. 要根据当地的自然条件、生产条件选用良种

优良品种都有一定的适应性，对自然条件、生产条件有一定的要求。在土壤肥沃、肥水充足且生产管理水平又比较高的地区，可以选用增产潜力高、增产潜力大的高产良种；而在土壤贫瘠、肥水不足、生产水平较低的地区，应选择耐瘠薄、适应性强的良种。

3. 选择高产品种，但不能盲目跟风

优良的玉米品种是高产的前提，其增产作用可达到 30%～50%，所以高产是品种选择的重要条件。但不能走入“好品种”必然高产的误区，玉米能否实现高产受气候条件、品种潜力和管理水平等多方面因素的影响，同时也需要良种与良法配合，要因地制宜，量力而行。因目前经销商较多，对品种介绍有时容易误导农民，切忌依价格和依单穗大小判断品种好坏。单穗大小只是个体性状，还应考虑单位面积穗数、穗粒数、百粒重等条件，即以群体性状判断平均品种产量。

4. 选择高抗逆性品种，降低生产风险

高抗逆性品种是指品种在生产过程中、没有明显缺陷，不出现倒伏、空秆、秃尖、晚熟及严重丝黑穗病等问题。作为品种的使用者，在要求品种高产的同时，还要注重其广泛的适应性和优良的综合性状，确保玉米种植高产、稳产和安全。

5. 选择在当地至少进行了 3 年试验示范的品种，新品种要先试种

在当地经过 3 年或更长时间的试验示范以后，基本上可以知道品种在当地的适应性。选择多年多点表现较好的品种，生产上出现各种灾难性损失的可能性就较小。如果出现感兴趣的新品种最好先试种，因为不同地区、不同栽培技术以及不同生产单位的种子都有差别，为避免不可挽回的损失，最好经过试验。

6. 选用的品种要适合加工、销售需要

随着玉米深加工的发展，优质专用玉米品种越来越多，粮饲兼用玉米、高淀粉玉米、优质蛋白玉米、高油玉米、糯玉米、甜玉米等都有相应的品种，可以根据需要适当选用。了解当前市场行情，不要使种出来的玉米无路可销。

7. 根据前茬作物进行选择

玉米品种的增产增收与前茬种植有直接关系。若前茬种植的是豆类作物，则土壤肥力较高，宜选择需要高肥水的高产品种；若前茬种植的是麦类，则宜选择耐瘠薄的稳产品种；同一个品种不宜在同一地块连续种植三四年，否则会出现土壤贫瘠、品种退化现象，导致减产。

8. 选用审定的品种

合法品种是指经过专门的品种审定委员会审定通过的品种，这样的品种一般都具有高产、稳产性和高抗逆性等特点，另外，在发生意外损失时可以获取赔偿。

（二）优良玉米种子的标准与鉴别

品种与种子是两个完全不同的概念，某个品种的表现好坏与其种子质量的好坏是不同的，即好品种也有好种子和孬种子之分，赖品种当中也有好种子和孬种子之分。所以确定了品种后，要确保种子质量。优良玉米种子的标准与鉴别如下：

种子质量根据纯度、净度、发芽率、水分 4 项指标评定等级。2008 年国家对玉米种子质量标准进行了修订。玉米杂交种分级标准见表 2-3。

表 2-3 玉米杂交种分级标准（GB/T 4404.01—2008）

种子类别	纯度	净度	发芽率	水分
单交种（非单粒播种）	≥96.0	≥99.0	≥85.0	≤13.0
双交种	≥95.0	≥99.0	≥85.0	≤13.0
三交种	≥95.0	≥99.0	≥85.0	≤13.0

1. 种子的外部形态特征

待播种的种子应整齐一致，大小均匀，饱满度好，果皮（或种皮）色泽鲜亮，无秕粒、无破粒，无虫眼、无霉层。

2. 种子纯度鉴别

纯度是表示种子特征特性方面典型一致的程度，是种子品质的重要指标之一，用本品种的种子数占供检本作物样品种子数的百分比表示。国家种子质量标准对每种作物不同等级的种子均有非常严格的规定，该指标的鉴别往往需要花费一个生长周期的时间，因此选购时，除选用信誉好的种子生产与经营单位外，还应该简单目测，看一批种子中有无明显的外观不一致的现象。

一般种子纯度不符合标准有以下几种情况。

（1）掺有商品粮。

（2）混有制种田中父本籽粒，父本属自交系，产量低。

（3）混有其他品种的种子，适应性不同，会影响产量。

（4）常见的是制种时母本去雄不彻底，质量不合格。

3. 种子发芽率鉴别

发芽率指测试种子发芽数占测试种子总数的百分比。如 100 粒测试种子有 95 粒发芽，则发芽率为 95%。发芽率是检测种子质量非常重要的指标之一，农业生产上常常依此来计算用种量。种子发芽率的计算公式：

$$发芽率 = 发芽的种子数 / 供检测的种子数 \times 100\%$$

4. 种子净度鉴别

净度表示种子的干净程度，该指标虽然没有发芽率和纯度重要，但也不能忽视，尤其是夹杂在其中的一些杂草种子，会给农业生产带来很多麻烦。种子净度的鉴别方法：取一定量的种子，挑出异作物种子、破损种子、土块、石块等无生命杂质，以及菌核等有生命杂质，测出杂质重量占所取样重量的百分比，衡量其是否符合品质要求。

5. 种子含水量鉴别

含水量是种子一个安全储藏指标，可用手摸或牙咬，通过手感等进行简单鉴别。对已经准备好的含水量偏高的种子进行晾晒，达到安全含水量以后方可储藏，以免霉变造成损失。

四、种子处理

玉米在播种前，可通过晒种、浸种和药剂拌种等方法，增加种子生活力，提高种子发芽势和发芽率，减轻病虫为害，以达到出苗早和苗齐、苗壮的目的。

1. 种子精选

播种前要对种子进行粒选和筛选，除去瘦小、破碎、混杂、霉变和受病虫为害的种子。

2. 晒种

晒种一般在播前 10～15 d 进行，选晴天将种子均匀地摊在干燥向阳的晒场上（注意不能直接摊放在柏油路面或水泥晒场上，防止温度过高烫伤种子），厚度

5～10 cm为宜，白天经常翻动，夜间堆起盖好，一般连晒2～3 d即可。

3. 种子包衣

种衣剂是由杀虫剂、杀菌剂、微量元素、植物生长调节剂、缓释剂、成膜剂等加工制成的药肥复合型产品，用种衣剂包衣，既能预防病虫，又可促进玉米生长发育，具有提高产量和改进品质的功效，在生产上应该尽快普及应用。

4. 种子发芽试验

通过种子发芽试验测定种子的发芽率和发芽势。种子发芽率高、发芽势强，表明出苗快而整齐，苗壮；如果发芽率高，发芽势弱，预示出苗不齐，弱苗多。一般来说，陈种子发芽率不一定低，但发芽势不高；新种子发芽率和发芽势均较高，因此要选用新种子。

• 工具准备

犁耙、测绳、皮尺、铁锹、锄头、耙子、铁锨、水桶、手套。

• 材料准备

辛硫磷乳油、杀虫剂、杀菌剂、复合肥料、微量元素、植物生长调节剂、保水剂、成膜物质。

• 人员准备

人员及任务分工见表2-4。

表2-4 玉米播前准备任务分工

任务角色	任务内容
组长：	任务：确定工作内容，分配工作任务，选择良种
组员1：	任务：参与讨论，咨询专业人员、查询相关资料确定精选种子方法
组员2：	任务：参与讨论，查询资料，完成发芽试验，种子包衣
组员3：	任务：参与讨论，完成底肥施用计算和称量
组员4：	任务：参与讨论，完成底肥施用

任务筹划

（1）选择适合当地环境栽培的优良品种。

（2）根据所掌握的相关知识，列出玉米播前种子处理方法。

（3）根据所掌握的相关知识，列出玉米播前底肥施用方法。

（4）列出玉米播前准备的操作流程。

任务实施

步骤一：良种选用。根据当地种植制度选用生育期适宜的品种。我国各地气候条件、种植制度不同，对品种生育期长短的要求也不一样。依据查询资料选用符合当地种植制度的品种。

步骤二：种子处理。完成种子处理工作。

步骤三：施用底肥。根据当地土壤肥料状况，科学施用底肥。

步骤四：总结。针对在完成活动中遇到的问题及解决情况进行总结。

任务检测

链接 2-2

测试题

请扫码答题（链接 2-2）。

任务评价

班级：________　组别：________　姓名：________

表 2-5　玉米播前准备工作任务完成过程评价

项目	评分标准	自我评价	小组评价	教师评价
选种处理（30 分）	无杂质、杂种（10 分）			
	杀菌药剂使用科学、合理，包衣均匀（10 分）			
	种子处理步骤合理（10 分）			
施用底肥（30 分）	计算正确（10 分）			
	称量无误（10 分）			
	施用科学（10 分）			
活动完成过程（30 分）	能够根据工作任务资料，分析并制订工作计划（5 分）			
	认真思考，积极动手，动脑（5 分）			

（续表）

项目	评分标准	自我评价	小组评价	教师评价
活动完成过程（30分）	积极参与小组合作与交流，配合默契，互帮互助（5分）			
	通过小组讨论与再学习完成工作（5分）			
	具有认真严谨的科学态度（10分）			
活动效果（10分）	整体的效果（很好10分；较好7～9分；一般3～6分；较差0～2分）			
合计				
自我评价与总结				
教师点评				

任务实训学习

根据所学玉米种子处理的种子包衣原则和要求，结合当地生长环境，拟定一份玉米种子包衣的操作方案。

中国紧凑型杂交玉米之父

李登海作为农民发明家，被称为“中国紧凑型杂交玉米之父”，使他与“杂交水稻之父”袁隆平齐名，共享“南袁北李”的美誉。30多年间，先后选育玉米高产新品种80多个，7次开创和刷新了中国夏玉米的高产纪录。他主持选育的“掖单”系列玉米新品种，曾获国家科学技术进步奖一等奖。

20世纪90年代中后期，他又育成“登海”系列玉米新品种，成为中国跨世纪的主推品种。登海9号玉米新品种，具有优质、高产、多抗的突出特点，其产量比曾获国家科学技术进步奖一等奖的“掖单13号”还增产11.4%。经国家审定，适宜在东北、黄淮海、西北及南方玉米区种植。2000年3月至2007年底累计生产销售登海9号5 624.08万kg，累计推广面积1 874.69万亩，累计增产粮食11.40亿kg，累计新增社会效益11.4亿元，为保障中国粮食安全作出了贡献。登海9号具有较高的淀粉含量，受到了乙醇汽油生产企业的青睐，为保障中国能源安全也提供了有力的品种支撑。

李登海是一个只有初中文化程度的农民，却取得了成功。1979年秋，在莱州后邓村的一片农田里，一个轰动全国的纪录诞生，名为“掖单 2 号”的玉米，创下中国夏玉米单产 776.9 kg 的最高纪录。年仅 31 岁、只有初中学历的李登海，一跃站在了中国玉米研究的最高峰。英雄不问出处，只要有恒心，有吃苦耐劳持之以恒的精神，都能获得成功。

知识拓展

玉米栽培技术进展

一、栽培管理技术

在栽培管理方面，精细化、智能化成为趋势。利用现代农业信息技术，可以实时监测玉米的生长情况，如温度、湿度、光照等环境因子，以及土壤养分、病虫害发生情况等。通过数据分析，可以制订更加精准的栽培管理方案，如适时施肥、灌溉、除草等，以提高玉米的产量和品质。此外，新型农机具的研发和应用也极大地提高了玉米栽培的机械化水平，降低了劳动强度，提高了生产效率。

二、农业技术应用

现代农业技术在玉米栽培中的应用越来越广泛。例如，无人机技术可以用于玉米田间的监测和作业，如施肥、喷药等；物联网技术可以实现玉米生长环境的智能调控；智能灌溉系统可以根据玉米生长需要自动调整灌溉量；精准施肥技术可以根据土壤养分状况和玉米生长需求进行精准施肥。这些技术的应用不仅提高了玉米的产量和品质，还降低了生产成本和劳动强度。

三、水资源管理

玉米是一种高耗水的作物，因此水资源管理在玉米栽培中至关重要。近年来，节水灌溉技术得到了广泛应用，如滴灌、喷灌等。这些技术能够根据玉米生长需要精确控制灌溉量，减少水资源的浪费。同时，雨水收集和利用技术也得到了发展，通过收集和利用雨水来满足玉米生长对水分的需求。这些技术的应用不仅降低了水资源的消耗，还提高了玉米的抗旱能力和产量。

四、模式探索与高产实践

为了进一步提高玉米的产量和品质，各地纷纷开展了玉米栽培模式的探索与高产实践。例如，高密度种植、双行交错种植、玉米和大豆间套作种植等，通过优化种植结构、改进耕作制度、推广密植技术等措施来提高玉米的单产水平；通过发展设施农业、开展立体种植等方式来提高土地利用效率；通过种植多熟制、推广轮作等技术来提高农业生产的整体效益。这些模式探索和高产实践不仅丰富了玉米栽培的技术体系，也为玉米产业的可持续发展提供了有力支撑。

任务二 玉米播种技术

任务导入

玉米播种是玉米生产的第 1 步，对于确保玉米的健康生长和高产高效具有重要意义。提高玉米播种质量，实现苗齐、苗全、苗匀、苗壮，是实现玉米高产的关键——即“七分种，三分管”。因此，高产是“种”出来的。通过对玉米种植技术不断研发和深入推广，才能够有效地提升玉米产量，推动农业向前发展。

我国地域辽阔，所以在很多偏远山区依然是采取传统玉米种植技术，通过人工操作的方法来进行种植，这样不仅导致玉米不适应当地的环境，还无法保证玉米产量，只能够勉强满足自己需求，不能够进行大规模生产，不能够有效提升玉米产量，甚至还会有一些原因导致玉米产量不断下降。而我国作为人口大国，必须解决粮食问题，这样才能够更好地推动社会经济稳定发展。所以，必须提高玉米种植产量，推动合适的玉米种植技术，这样才能够在有限的土地中，更好的种植玉米，调动农民的种植热情。当前，一些农民因为作物种植不理想，会到城市中来谋取生存，出现这种问题的主要原因是传统的种植方式已经不能满足农民的生活需求，不能为农民带来足够的经济效益。而农民不断减少，相对应的粮食产量也会不断减少。如果想要真正解决这一问题，必须合理地使用玉米种植技术，更好地满足粮食需求，推动经济向前发展。

对于农民来说，农作物种植是其主要的经济收入，其中，玉米的产量和质量直接影响农民的经济收益。所以，通过玉米种植技术推广，能够让农民根据自身的实际情况来种植玉米，这对于社会稳定有着非常重要的作用。而且，在人们生活水平越来越高的基础上，人们对于饮食的需求也越来越严格。所以，玉米不仅要在种植上达到足够的数量，而且要能够体现出安全的特点。质量好的玉米在市场上才具有更好的竞争力，通过科学、合理的玉米种植技术推广，才能让玉米质量更好，进而提升农民经济收益。

任务工单

班级＿＿＿＿＿＿＿＿ 姓名＿＿＿＿＿＿＿＿ 学号＿＿＿＿＿＿＿＿

任务名称	玉米播种技术
任务描述	根据实际情况，填写本任务的内容、目的、流程和方法。 任务内容：＿＿＿＿＿＿＿＿＿＿＿＿＿＿＿＿＿＿＿＿ ＿＿＿＿＿＿＿＿＿＿＿＿＿＿＿＿＿＿＿＿＿＿＿＿。 任务目的：＿＿＿＿＿＿＿＿＿＿＿＿＿＿＿＿＿＿＿＿ ＿＿＿＿＿＿＿＿＿＿＿＿＿＿＿＿＿＿＿＿＿＿＿＿。

（续表）

<table>
<tr><td>任务名称</td><td colspan="6">玉米播种技术</td></tr>
<tr><td>任务描述</td><td colspan="6">任务流程：____
____。
任务方法：____
____。</td></tr>
<tr><td>获取信息</td><td colspan="6">要完成任务，需要掌握相关的知识。请收集资料，回答以下问题：
1. 当地的玉米种植合适的播种期是什么时候？

2. 玉米种植的播种量有哪些要求，如何控制？

3. 生长期什么情况下要追肥，追肥要注意哪些方面？

4. 生长期什么情况下要除草，除草要注意哪些方面？

5. 玉米的灌溉原则有哪些？</td></tr>
<tr><td>制订计划</td><td colspan="6">根据玉米播种技术任务，制订相应的工作计划。</td></tr>
<tr><td rowspan="6">任务实施</td><td colspan="6">按照预先制订的工作计划，完成本任务，并记录任务实施过程。</td></tr>
<tr><td>序号</td><td colspan="2">完成的任务</td><td colspan="2">遇到的问题</td><td>解决办法</td></tr>
<tr><td></td><td colspan="2"></td><td colspan="2"></td><td></td></tr>
<tr><td></td><td colspan="2"></td><td colspan="2"></td><td></td></tr>
<tr><td></td><td colspan="2"></td><td colspan="2"></td><td></td></tr>
<tr><td></td><td colspan="2"></td><td colspan="2"></td><td></td></tr>
<tr><td rowspan="6">任务评价</td><td colspan="6">评价表</td></tr>
<tr><td>项目</td><td>评价内容</td><td>分值</td><td>自评</td><td>互评</td><td>师评</td></tr>
<tr><td rowspan="4">知识技能</td><td>播种期选择得当</td><td>10</td><td></td><td></td><td></td></tr>
<tr><td>播种量科学、合理</td><td>10</td><td></td><td></td><td></td></tr>
<tr><td>查苗补苗及时</td><td>10</td><td></td><td></td><td></td></tr>
<tr><td>灌溉和追肥科学、及时、有效</td><td>10</td><td></td><td></td><td></td></tr>
</table>

（续表）

<table>
<tr><td>任务名称</td><td colspan="6">玉米播种技术</td></tr>
<tr><td rowspan="8">任务评价</td><td colspan="6">评价表</td></tr>
<tr><td>项目</td><td>评价内容</td><td>分值</td><td>自评</td><td>互评</td><td>师评</td></tr>
<tr><td rowspan="2">知识技能</td><td>除草及时、有效</td><td>10</td><td></td><td></td><td></td></tr>
<tr><td>灌溉科学得当</td><td>10</td><td></td><td></td><td></td></tr>
<tr><td>任务进度</td><td>提前完成 10 分；正常完成 7～9 分；超时完成 3～6 分；未完成 0～2 分</td><td>10</td><td></td><td></td><td></td></tr>
<tr><td>任务质量</td><td>整体效果很好 10 分；较好 7～9 分；一般 3～6 分；较差 0～2 分</td><td>10</td><td></td><td></td><td></td></tr>
<tr><td>素养表现</td><td>遵规守纪，独立思考，严谨求实，活学活用</td><td>10</td><td></td><td></td><td></td></tr>
<tr><td>思政表现</td><td>有家国情怀、生态情怀，有学农爱农意识</td><td>10</td><td></td><td></td><td></td></tr>
</table>

任务准备

• 知识准备

一、玉米播种期的确定

玉米生产上当土壤表层 5～10 cm 深处温度稳定在 8～10℃时开始播种为宜。播种过早、过晚，对玉米生长都不利，同时要结合土壤温度、水分等条件。在当地适宜的播种期范围内适当早播可以延长玉米的生育期，促进果穗发育，籽粒饱满，提高成熟度和产量。但播期过早，温度低，出苗慢，容易出现烂种现象，或苗期受霜冻危害严重。同一纬度山区要适当晚播。盐碱地土壤温度达到 13℃以上播种较为适宜。北方地区在 4 月上中旬进行春玉米播种，6 月上旬进行夏玉米播种。如黑龙江玉米播种适宜期是 4 月 15 日至 5 月初（省内第 1 积温区）和 4 月 25 日至 5 月 10 日（省内第 2 积温区）。

二、玉米种植密度的确定

玉米种植密度的确定要根据品种特性、栽培环境与条件等因素综合考虑确定。应遵循的一般原则是：根据当地的自然条件、土壤肥力、栽培技术和品种特性来确定，保证玉米群体和个体协调生长，使产量构成因素中的穗数、穗粒数和穗粒重的乘积达到最大值。

（一）品种

1. 株型

叶片上冲、株型紧凑的品种可种植的更密些，适宜种植密度为 67 500～

75 000 株 /hm²；平展型玉米植株与叶片之间容易遮光，适宜稀植，适宜密度为 45 000～52 500 株 /hm²；中间型玉米也叫半紧凑型玉米，群体光分布介于紧凑型与平展型之间，种植密度适中，适宜密度为 52 500～60 000 株 /hm²。

2. 生育期

玉米同一生产环境下，植株矮小的早熟品种茎叶量较小，需要的个体营养面积也较小，可适当密些，适宜密度为 60 000～67 500 株 /hm²，如果株型紧凑可增加至 75 000 株 /hm² 以上；一般晚熟品种生长期长，植株高大，茎叶繁茂，单株生产力高，需较大的个体营养面积，应适当稀一些，适宜种植密度为 52 500～60 000 株 /hm²，紧凑型玉米可增加至 67 500 株 /hm² 以上。

通常在购买种子的包装袋上有该品种的适宜种植密度。

（二）肥水条件

地力较差，施肥水平较低，又无灌溉条件的地区，玉米种植密度应低一些，通常采用该品种适宜密度的下限值，每公顷减少 7 500 株左右；土壤肥力高、施肥较多、灌溉条件好的，因为肥水充足，较小的营养面积，即可满足个体需要，所以，密度可以增大，通常采用该品种适宜密度的上限值，每公顷增加 7 500 株左右。

（三）地形

丘陵梯田通风透光条件好，在土壤肥沃、有灌溉条件时，应采用该玉米品种适宜密度的上限值；低洼地通风条件差，如果土壤黏重，应采用该玉米品种适宜密度的下限值。

（四）土壤质地

沙壤土、壤土土质疏松，透光性好，营养分解快，利用率高，玉米根系吸收好，应采用该玉米品种适宜密度的上限值。黏土地，土质黏重，土壤紧实，浇水后易板结，不利于根系生长与吸收，易导致穗粒数和粒重的下降，宜采用该品种适宜密度的下限值。总体上讲，玉米种植密度为一般轻壤土＞中壤土＞黏土＞重黏土。

（五）生态条件

短日照、气温高，可促进玉米生长发育，缩短从出苗到抽穗所需日数；反之，生育期就延长。因此，同一类型品种，南方的适宜密度高于北方，夏播可密些，春播可稀些。

三、玉米播种量和播深的确定

（一）播种量

玉米播种量因种子大小、发芽率高低、种植密度、播种方法和栽培目的不同而不同。一般种子大，发芽率低，种植密度大时，播种量应适当增加。反之，可适当减少。条播一般 45～60 kg/hm²，点播 37.5～52.5 kg/hm²。做青储的玉米播种量比正常播种量增加 25%。

$$播种量=\frac{公顷计划保苗数 \times 百粒重（g）}{发芽率（\%）\times 净度（\%）\times 10^6 \times [1-田间损失率（\%）]}$$

在确定播种量的基础上进行播量调试。田间损失率一般按 10%～15% 计算。

（二）播种深度

玉米播种深浅要适宜，覆土厚度要一致，才能保证种子出苗整齐一致，利于消除大小苗。正常条件下，播种深度以 5～6 cm 为宜。若土壤水分不足，应适当深播，可达 6～7 cm。土壤水分充足或小粒种子，可浅些。玉米的适宜播种深度，要根据土壤性质、土壤水分、种子大小来决定。质地黏重，应浅播；反之，质地疏松沙质应深些。大粒种子可深些，小粒种子可浅些。

四、玉米的播种方法

玉米播种方式主要有条播和点播两种。

（一）条播

条播又分为机播、耧播、犁播等，以机条播为好。

（二）点播

点播是将种子按株行距点种在沟内、穴内的一种播种方式。点播可以节省播种量，但费工。点播又分为机械精量点播和人工按株行距穴（点）播。人工点播容易出现播深不一致，出苗不齐的现象。

五、玉米的种植方式

玉米为非分蘖增产作物，单产提高的主要影响因素为密度，在种植方式上均围绕合理密度的确定为主，选择适宜的种植方式。玉米种植方式是指玉米种植时植株在田间布局的形式，主要涉及行距宽窄、株距大小以及植株在田间布局的均匀程度等。总的来讲有 3 种方式，即穴播、等行距种植、大小行种植。

（一）穴播

穴播也就是过去所讲的“一埯多株”，目前多用于那些不适宜机械化作业甚至不能使用牲畜作业的地块或水土容易流失的坡岗地。

（二）等行距种植

等行距种植指的是种植的行距相等，一般为 60～70 cm，株距随密度而定。

（三）大小行种植

大小行种植也称大小垄种植、宽窄行种植，指的是行距一宽一窄，宽行

80～90 cm，窄行 40～50 cm。其中，等行距种植和大小行种植这两种种植方式是与现代农业及简化栽培相适应的种植方式。目前，我国玉米种植主要以等行距种植和宽窄行种植为主。生产上又出现了双行交错种植技术和高密度种植技术。

六、玉米播种质量的检查

（一）基本标准

玉米开沟、播种、覆土、镇压等需要一次性作业完成。播种粒距变异系数＜40%，合格率＜95%；双粒率（株距＜5 cm 为双粒）＜10%；空穴率（株距＞28 cm 的为空穴）＜5%。播深误差不超过 ±1 cm。行距一致，往复结合线不超过 5 cm，百米弯曲度不超过 10 cm。

（二）高产技术的机械播种质量检查验收标准

（1）行距误差不得超过 ±3 cm，6 行播幅积累误差不大于 5 cm，邻接行误差不大于 ±7 cm，平均穴距误差不超过规定的 ±1/10。

（2）播种量和施肥量经过转动地轮实查，误差不超过规定量的 ±5%。全部地无漏播，地头起落整齐，并补好地头。

（3）播后种子全部播在湿土中（种子上面应有湿土覆盖着），播种深度（按踩实后的土层计算）误差不超过规定的 ±1.5 cm，无露种现象。

（4）镇压不偏墒，种床压实均匀，压后地表有 0.5～1 cm 松土覆盖苗眼上，无龟裂现象。

（5）防风棱明显。

（6）保苗穴数及保苗率达到 90%，出苗整齐、健壮。

• 工具准备

铁锹、锄头、铁锨、手套、播种机、农药喷雾机。

• 材料准备

种子、肥料、农药。

• 人员准备

人员及任务分工见表 2-6。

表 2-6　玉米播种技术任务分工

任务角色	任务内容
组长：	任务：确定工作内容，分配工作任务，确定播种期，组织完成种植任务
组员 1：	任务：参与讨论，咨询专业人员、查询相关资料确定种植密度。
组员 2：	任务：参与讨论，查询相关资料，确定播种量、播种深度
组员 3：	任务：参与讨论，根据讨论结果确定播种方法
组员 4：	任务：参与讨论，根据讨论结果确定种植方式

任务筹划

（1）确定播种期，根据玉米的种植制度、温度、墒情和品种来确定适宜播期。

（2）选择种植方式，采用适宜的种植方式，提高玉米增产潜力。

（3）确定播种量，根据种子的具体情况和选用的播种方式确定播种量。

（4）确定播种深度，玉米播种深度适宜且深浅一致。

（5）播种后镇压，玉米播种后要进行镇压，使种子与土壤密接，以利于种子吸水出苗。

任务实施

步骤一：结合当地的气候条件和品种的特性，确定播种时间。

____

____

____

步骤二：在播种前应浇水造墒，翻耕种地，保证播种时的土壤墒情良好，记录实情。

____

____

____

步骤三：根据试验田面积，计算播种量，记录数据。

____

____

____

步骤四：根据计划按照合理播种深度进行播种。

____

____

____

步骤五：完成播种后镇压，确保种子与土壤密接。

____

____

____

任务检测

链接 2-3

请扫码答题（链接 2-3）。

测试题

任务评价

班级：________　　组别：________　　姓名：________

表 2–7　玉米播种技术工作任务完成过程评价

项目	评分标准	自我评价	小组评价	教师评价
播种筹划（30 分）	确定播期，间距（10 分）			
	确定播量（10 分）			
	确定播种深度（10 分）			
完成播种（30 分）	播种完成（10 分）			
	播后镇压（10 分）			
	完成记录（10 分）			
活动完成过程（30 分）	能够根据工作任务资料，分析并制订工作计划（5 分）			
	认真思考，积极动手，动脑（5 分）			
	积极参与小组合作与交流，配合默契，互帮互助（5 分）			
	通过小组讨论与再学习完成工作（5 分）			
	具有认真严谨的科学态度（10 分）			
活动效果（10 分）	整体的效果（很好 10 分；较好 7～9 分；一般 3～6 分；较差 0～2 分）			
合计				
自我评价与总结				
教师点评				

任务实训

深入了解玉米田间播种的全过程，掌握田间播种的准备、播种方法的选择，以及田间播种后的处理与储存等关键步骤。结合实际情况，选择合适的播种方式，确保玉米播种的高效、安全。积极参与实训活动，提高动手能力和解决问题的能力，拟定该生长阶段玉米所需要的播种方案并完成。

任务三 玉米田间管理技术

任务导入

玉米被誉为“长寿粮食”，含丰富的蛋白质、维生素、微量元素等物质。玉米不仅是我国主要的粮食作物，也是家畜的优质饲料。近年来，随着养殖业发展，玉米的市场需求也在逐渐上升，种植玉米的农户越来越多。在玉米的种植过程中，田间管理是非常关键的。

玉米田间管理是根据玉米生长发育规律，针对各个生育时期的特点，通过灌水、施肥、中耕、培土、防治病虫草害等，对玉米进行适当的促控，调整个体与群体、营养生长与生殖生长的矛盾，保证玉米健壮生长发育，从而达到高产、优质、高效的目标。

任务工单

班级__________ 姓名__________ 学号__________

任务名称	玉米田间管理技术
任务描述	根据实际情况，填写本任务的内容、目的、流程和方法。 任务内容：__________。 任务目的：__________。 任务流程：__________。 任务方法：__________。
获取信息	要完成任务，需要掌握相关的知识。请收集资料，回答以下问题： 1. 什么是玉米追肥？ 2. 玉米合理浇水，及时排灌的标准是什么？ 3. 玉米防止倒伏，控制徒长的方法是什么？

（续表）

<table>
<tr><td>任务名称</td><td>玉米田间管理技术</td></tr>
<tr><td>获取信息</td><td>4. 如何做好玉米中耕培土，清除杂草？

5. 玉米病虫害防治工作中的重点是什么？</td></tr>
<tr><td>制订计划</td><td>根据玉米田间管理技术任务，制订相应的工作计划。</td></tr>
<tr><td>任务实施</td><td>按照预先制订的工作计划，完成本任务，并记录任务实施过程。
<table>
<tr><td>序号</td><td>完成的任务</td><td>遇到的问题</td><td>解决办法</td></tr>
<tr><td></td><td></td><td></td><td></td></tr>
<tr><td></td><td></td><td></td><td></td></tr>
<tr><td></td><td></td><td></td><td></td></tr>
<tr><td></td><td></td><td></td><td></td></tr>
</table></td></tr>
<tr><td>任务评价</td><td>
<table>
<tr><td colspan="6">评价表</td></tr>
<tr><td>项目</td><td>评价内容</td><td>分值</td><td>自评</td><td>互评</td><td>师评</td></tr>
<tr><td rowspan="4">知识技能</td><td>玉米追肥时机得当</td><td>15</td><td></td><td></td><td></td></tr>
<tr><td>玉米浇水方法科学</td><td>15</td><td></td><td></td><td></td></tr>
<tr><td>玉米中耕培土</td><td>15</td><td></td><td></td><td></td></tr>
<tr><td>玉米病害防治</td><td>15</td><td></td><td></td><td></td></tr>
<tr><td>任务进度</td><td>提前完成 10 分；正常完成 7～9 分；超时完成 3～6 分；未完成 0～2 分</td><td>10</td><td></td><td></td><td></td></tr>
<tr><td>任务质量</td><td>整体效果很好 10 分；较好 7～9 分；一般 3～6 分；较差 0～2 分</td><td>10</td><td></td><td></td><td></td></tr>
<tr><td>素养表现</td><td>遵规守纪，独立思考，严谨求实，活学活用</td><td>10</td><td></td><td></td><td></td></tr>
<tr><td>思政表现</td><td>有家国情怀、生态情怀，有学农爱农意识</td><td>10</td><td></td><td></td><td></td></tr>
</table></td></tr>
</table>

任务准备

• 知识准备

根据玉米生长发育特点和需肥规律，玉米田间管理技术总的要求是“促苗、控秆、攻穗”。通过施肥及其他管理措施，使玉米前期清秀矮壮不落黄，中期叶色浓绿，茎秆粗壮有力，后期穗大粒饱，青秆黄熟不早衰。

一、幼苗期主攻群体整齐度

玉米幼苗期主要是以根系、茎叶生长为主的营养生长时期，一般是在播种后出苗生长 30～35 d，根系生长速度比茎叶快。在苗期要求玉米群体达到壮苗的要求，即要求茎基扁宽，叶片宽厚。叶色深绿，心叶重叠。根系发达，植株呈正方形。从群体生理指标看，亩产 500 kg 夏玉米幼苗期指标是，叶面积指数 0.4～0.5，群体干物质每公顷重 225～450 kg。此期的田间管理措施主要有：

（一）间苗、定苗、补苗

适时间苗、定苗可避免幼苗拥挤和互相遮光，有利幼苗生长。一般可在 3～4 叶时间苗、定苗；地下害虫较严重的地区可推迟 1 个叶龄定苗。间苗时注意去弱留壮，去病留健。双株留苗的应大小一致，苗间保持 6～10 cm 距离。玉米出苗和移栽成活后，要及时检查出苗和成活情况。如有缺苗要及时带土补栽，移后浇稀薄人粪尿，以利成活和促进生长。

（二）中耕除草

中耕疏松土壤，利于消灭杂草，减少地力消耗，促进土壤微生物活动和有机质分解，增加土壤有效养分，还起到防旱保墒的作用；当土壤水分过多时，中耕又起到蒸发散墒的作用。玉米幼苗期一般中耕 2～3 次，移栽的要求“头遍深，促发根；二遍浅，不伤根”。头遍在移栽后 7 d 左右进行，深 10 cm 左右，株边较浅，以促使土壤风化，促进新根发生。直播的头遍宜浅，二遍宜深，最后一次在施穗肥时进行，这时植株已封行，须根布满表土，中耕宜浅，并结合施肥进行培土。

（三）施用苗肥

苗肥的主要作用是促进发根壮苗。一般结合第 1 次深中耕，追施苗肥 1 次，以速效肥为主，每公顷施人、猪粪尿 5 250～6 000 kg，硫酸铵 525～600 kg。对生育期较长的杂交种或土质差、底肥不足的田块，在第 1 次追肥后 7～10 d 还要看苗追肥 1 次，每公顷用硫酸铵 75 kg，以防脱肥落黄。苗肥占总用肥量的 20% 左右。套种的玉米，由于长期荫蔽，生长细弱，应在前作收前及时施用或前作收后抓紧施用壮秆肥，以培育壮苗。此外，若发现某一营养元素含量偏低，应及时施肥。如发现叶片出现白色边缘，植株体内含锌量低于 15～20 mg/kg 时表示缺锌，可用 0.1%～0.2% 硫酸锌溶液喷施叶面。

（四）防治虫害

玉米苗期的主要地下害虫有地老虎、蝼蛄、黏虫、金针虫等，为害最大的是地老虎，3 龄前多集中在玉米心叶里为害，3 龄后白天钻入土中，夜间出来为害，咬断幼苗基部。近年不少地区鼠害也相当严重，扒食播种在土中的玉米种子。这两者均是实现全苗的大敌，必须认真防治。药剂拌土对防治地下害虫有一定效果。防治地老虎的方法有：玉米出苗后若有地老虎为害的小孔时，用 90% 敌百虫 800～1 000 倍液或 50% 二嗪磷 1 000 倍液喷雾；防治 3 龄以后的幼虫用 50% 敌敌畏或 50% 二嗪磷或 56% 辛硫磷 1 600～2 000 倍液灌穴，或 1 000 倍液喷洒地面。防鼠的方法主要是在田块四周撒上毒饵。也可在玉米田间设置黑光灯诱捕害虫。

二、孕穗期主攻株壮穗大粒多

玉米从拔节至雌穗吐丝受精，是雌雄穗发育和形成的主要时期，一般是在播种后出苗 70～80 d，此时期茎叶繁茂生长，雌雄穗迅速分化，营养生长和生殖生长同时进行，是玉米一生中生长发育最旺盛的时期，也是玉米田间管理的最关键时期。孕穗期管理的中心是促叶、壮秆、攻穗、增粒，使植株叶片迅速封行，叶面积指数稳定地达到最大值，并相对稳定地延续较长的时间，使群体达到植株粗壮，叶色深绿，根系发达，气生根多，上部叶片集中，挺拔有力，穗位 3 叶甩出，叶面积指数和叶粒比以及群体干物质重均达到最适宜值。高产玉米理想型群体叶面积动态发展要求：拔节期 0.6～0.8，孕穗期 3.5～4.0，抽雄期 4.5～5.0，抽雄受精后的 40～50 d 叶面积系数须保持在 3.0～3.5 或更高。主要调控措施如下。

（一）重施穗肥

穗肥是玉米生长发育中最重要的一次追肥。重施穗肥能促进果穗发育，增加每穗粒数，减少秃顶程度，对增产有显著的效果，并能增加籽粒饱满度和蛋白质含量，提高品质。穗肥施用以雌穗分化小穗和小花时为宜，这时基部茎节长度已稳定。据研究，玉米小穗分化时，早熟品种有 3～4 个节间，中熟品种有 5～6 个节间，晚熟品种有 7～8 个节间，重施穗肥不致引起倒伏。穗肥以速效性氮肥为主，施用量约占总追肥量的 60%。施用的具体时间因品种、土壤湿度、肥料种类而不同，一般早熟品种比中、迟熟品种早施，天旱地燥比多雨地湿的早施，未腐熟的有机肥料要适当早施，有缺肥现象的也要提早施用。施用穗肥的适期，以可见叶为主要依据，参考播种后的天数确定，较为准确。一般秋播的中熟品种以见 15 叶，约在播种后 30～32 d 施；迟熟品种以见 16 叶，约在播种后 35 d 施用。迟效肥料应提早 3～5 d。春玉米比秋玉米提早 1 叶施用。

此外，还可用田间捏雄法确定穗肥施用期。由于玉米雌、雄穗分化存在稳定的对应关系，当雄穗进入性器官形成初期，雌穗正处于小穗分化期。在田间条件下，生长较好的个别植株，在喇叭口深处能捏到雄穗的尖端时，雌穗正处于小穗分化期，这一田块多数植株雌穗即将进入小穗分化期，即为施穗肥的适期，用此法确定穗肥施用期较为简便。

穗肥用量通常每公顷施饼肥 375～450 kg 或厩肥 15 000 kg，碳酸氢铵 300～

375 kg 或硫酸铵 105～150 kg。然后要结合培土，如施厩肥应提前施用，并尽可能抢在雨前施，使之更快地发挥肥效。穗肥不论是有机肥料还是化肥都深施，防止肥料挥发和流失。

（二）中耕培土

培土能加厚植株基部土层，促进生根，有利于支持根发育入土，增强玉米吸收能力，防止倒伏；追肥时结合培土可以提高肥效，还能提高土温和减轻草害。培土在拔节前后至大喇叭口期，结合中耕分次进行。中耕培土一般两次，第 1 次在拔节到小喇叭口期，结合施攻秆肥进行深中耕（6～8 cm）小培土；第 2 次在大喇叭口期，玉米封行前，结合施攻穗肥进行培土，以培高至 10～13 cm 为宜。在干旱而无灌溉条件的地区，不宜培土，以免增加土壤水分蒸发。中耕培土，可结合施孕穗肥进行作业。

（三）灌溉与排水

玉米各生育阶段对水分的要求不同。苗期抗旱力较强，水分过多会使根系发育不良，幼苗生长细弱黄瘦，严重时，幼苗呈紫红色。因此，玉米在苗期应进行抗旱锻炼，促进根系发育。遇多雨、土壤过湿时，要做好开沟排水工作。拔节后，随着植株的迅速生长，需水量逐渐增多。孕穗期是需水量最大的时期，对水分极为敏感。从拔节到籽粒开始灌浆的需水量，约占全生育期总需水量的 50%；籽粒灌浆到蜡熟期需水量占总量的 20%～30%；从蜡熟期到收获期需水量则仅占总量的 10% 左右。从雌穗小穗分化期到抽雄后 20 d 是玉米需水的“临界期”，这时如遇长期干旱，影响开花授粉，造成秃顶、缺粒和灌浆不良，产量降低，甚至使雌穗发育受阻或萎缩不能抽出，出现“卡脖”现象，造成空秆。一般抽穗前后发现有卷叶现象，就要及时灌水。灌水宜在早晚进行，以半沟水为宜，到畦面湿润立刻排水，保持土壤水分在田间最大持水量的 70%～80%，切忌灌水过满过久，灌水后要进行浅中耕。有条件的地区可采用喷灌，一次灌透，效果更好。山地无灌溉条件的可盖青草抗旱。春玉米拔节孕穗期雨水较多，应注意排水。

（四）防治病虫

玉米孕穗期主要虫害有大螟、玉米螟及黏虫等；主要病害有大斑病、小斑病等。3 龄前的大螟和玉米螟尚未蛀入茎内，可用 3% 呋喃丹撒入心叶中防治，每公顷约需 500 g，或用 90% 敌百虫晶体或 50% 敌敌畏乳剂 800～1 000 倍液灌心叶进行防治。大斑病、小斑病的防治方法是先摘除植株下部病叶，然后用 50% 退菌特 800 倍液或 50% 多菌灵 500 倍液喷雾，每隔 7～10 d 施 1 次，连续 2～3 次。

（五）去蘖

目前推广的玉米杂交种，在拔节前茎秆上可长出分蘖，分蘖通常不结实，徒耗养分。为避免养分的浪费应及时去蘖，去蘖最好在晴天进行，以利伤口愈合，去蘖时要避免松动主茎根系或将主茎拔起。若作为制种田的父本分蘖和青饲玉米苗分蘖，则可保留。

三、灌浆期主攻延长群体叶片功能期

灌浆期是玉米籽粒形成期，是提高结实率和粒重的关键期。一般是在播种出苗后90～100 d，据研究，玉米籽粒干物质的80%是灌浆成熟期光合作用积累的，20%是从茎叶中转运而来的，在转运的营养物质中，叶占60%，茎占25%，穗轴占12%左右。因此，必须重视后期的田间管理，养根保叶，延长群体叶片的有效功能期，保持植株青枝绿叶，活株成熟，防止贪青或早衰，使光合产物最大限度地运往籽粒中去，达到粒多、粒重、丰产的目的。

（一）巧施粒肥

在玉米开花授粉前后，施用少量氮肥，有增加粒重、提高籽粒品质的作用。特别是在后期有脱肥现象时，及时施用粒肥，对防止早衰、提高产量有一定效果。粒肥以速效性氮肥为主，一般每公顷可施碳酸氢铵75～112.5 kg，或硫酸铵52.5～60 kg。也可用1%～2%尿素与0.2%磷酸二氢钾混合液或2.5%过磷酸钙溶液或500～800倍磷酸二氢钾液喷施叶面。施肥量过多、过迟，会造成贪青迟熟。若土壤肥沃，植株生长嫩绿，则不必施用粒肥。

（二）去雄

玉米的雄穗分枝多，花粉量足，植株抽雄散粉要消耗一定的养分和水分，去雄后，可将用于雄穗开花散粉的养分转而供应雌穗，能缩短雌、雄穗开花间隔期，减少秃顶、缺粒，增加粒重。玉米弱株去雄后，果穗营养物质得到改善，能使部分无效穗发育成有效穗。去雄还能改善光照条件，促进早熟，减轻玉米螟和蚜虫为害。拔下的雄穗又可作青饲料。

去雄应在雄穗刚抽出1/2～2/3尚未散粉之前进行，过早易拔掉顶叶，过迟失去去雄的意义。去雄应在晴天9：00以后至15：00—16：00之前进行，以利伤口愈合，并注意防止拔掉顶叶。一般采取隔行或隔株去雄，去弱留强，全田不超过1/2。为了不影响授粉，靠近地边或山地迎风面3～4行不去雄，玉米与其他作物间作的不去雄，去雄要分批进行，隔天进行1次，共3～4次。去雄后结合人工辅助授粉，增产效果更显著。留雄散粉的植株在全田花丝枯萎变褐时再去雄穗，仍有一定的增产效果。

（三）人工辅助授粉

玉米是风媒的异花授粉作物。由于雌雄穗开花和吐丝时间不一致，抽穗开花时又常因风雨、高温干旱等不良的气候条件影响授粉，造成秃顶和缺粒。在这种情况下，进行人工辅助授粉，能提高结实率，增加产量。在杂交玉米制种田，采用人工辅助授粉，对提高制种田种子产量，效果显著。

人工辅助授粉在大部分雌穗花丝开始抽出时，选择晴朗无风的上午，在露水已干、高温来临前（8：00—11：00）进行。先分散采集适当数量健壮植株的新鲜花粉，充分混合，均匀授在果穗花丝上。在进行人工辅助授粉时，要边采边授，防止花粉吸水成块。为使每个果穗都能充分授粉，应隔天授粉1次，连续进行2～3次。也可采用喷雾器喷花粉完成，人工辅助授粉作业。

（四）灌水排涝

此期应保持土壤水分在田间最大持水量的 70%～80%，相对湿度应为 65%～90%，才有利于开花受精，若天旱应及时灌水；若田间持水量超过 80%，应注意排水。

- **工具准备**

犁、耙子、播种袋、水肥一体化机、镰刀、剪刀、喷雾器等。

- **人员准备**

人员及任务分工见表 2-8。

表 2-8 玉米田间管理技术任务分工

任务角色	任务内容
组长：	任务：确定工作内容，合理分工，统筹完成任务
组员 1：	任务：参与讨论，咨询专业人员、查询相关资料确定查苗补苗、间苗定苗要求。
组员 2：	任务：参与讨论，查询相关资料，确定肥水管理标准
组员 3：	任务：参与讨论，根据讨论结果完成中耕除草
组员 4：	任务：参与讨论，根据讨论结果完成虫害防治

任务筹划

（1）深入了解玉米栽培的各个环节，掌握基本的栽培技术和田间管理方法。
（2）结合实际情况，制订切实可行的栽培计划和管理措施。
（3）列出玉米收获及储藏的工作计划。

任务实施

步骤一：做好水肥管理，确保玉米生长所需的水分和养分供应。

____

____

____

步骤二：及时除草、松土，保持良好的土壤环境。

____

____

____

步骤三：加强病虫害防治，采取物理、生物和化学等多种手段进行综合防治。

____

____

____

步骤四：总结。针对在完成活动中遇到的问题及解决情况进行总结。

____

____

____

任务检测

链接 2-4

测试题

请扫码答题（链接 2-4）。

任务评价

班级：__________　　组别：__________　　姓名：__________

表 2-9　玉米田间管理技术工作任务完成过程评价

项目	评分标准	自我评价	小组评价	教师评价
幼苗管理（30 分）	查苗补苗（10 分）			
	间苗定苗（10 分）			
	种植齐整（10 分）			
中后期管理（30 分）	肥水管理（10 分）			
	中耕除草（10 分）			
	防治虫害（10 分）			
活动完成过程（30 分）	能够根据工作任务资料，分析并制订工作计划（5 分）			
	认真思考，积极动手，动脑（5 分）			
	积极参与小组合作与交流，配合默契，互帮互助（5 分）			
	通过小组讨论与再学习完成工作（5 分）			
	具有认真严谨的科学态度（10 分）			
活动效果（10 分）	整体的效果（很好 10 分；较好 7～9 分；一般 3～6 分；较差 0～2 分）			
合计				
自我评价与总结				
教师点评				

任务实训

玉米作为全球重要的粮食和饲料作物之一，玉米栽培管理对于提高其产量和品质至关重要。穗期管理包括中耕除草，在玉米拔节至大喇叭口期进行中耕除草，减少杂草对玉米植株的竞争，促进玉米生长；培土：在大喇叭口期进行培土，增加玉米植株的抗倒伏能力，同时促进根系发育；追肥：根据玉米植株生长情况，适时进行追肥，以满足玉米对养分的需求，促进穗粒发育。完成穗期管理的工作计划和工作记录。

任务四　玉米收获技术

任务导入

玉米是我国的优势农作物之一，然而，目前我国玉米机收率处于初级阶段，机械化水平较低。通过田间学校实际演示方式让农牧民认识玉米机械化收获技术。玉米机械化收获就是在玉米成熟时，根据农艺要求，利用收获机械在完成对玉米果穗摘取、剥皮、脱粒、收集的同时对玉米秸秆进行处理的一项农机化新技术，具有提高玉米收获效率、降低农业生产成本、减少玉米收获损失、增加农民收入、提高利用率、低碳环保等优势。加快发展玉米机械化收获，对于改变传统的玉米收获方式，提高秸秆利用水平，发展低碳经济，建设现代化农业都具有十分重要的地位和作用。除采用先进的玉米种植技术以外，采收和储藏等技术也是提高玉米产量和品质的重要环节之一。

任务工单

班级＿＿＿＿＿＿＿＿　姓名＿＿＿＿＿＿＿＿　学号＿＿＿＿＿＿＿＿

任务名称	玉米收获技术
任务描述	根据实际情况，填写本任务的内容、目的、流程和方法。 任务内容：＿＿＿＿＿＿＿＿＿＿＿＿＿＿＿＿ ＿＿＿＿＿＿＿＿＿＿＿＿＿＿＿＿＿＿＿＿。 任务目的：＿＿＿＿＿＿＿＿＿＿＿＿＿＿＿＿ ＿＿＿＿＿＿＿＿＿＿＿＿＿＿＿＿＿＿＿＿。 任务流程：＿＿＿＿＿＿＿＿＿＿＿＿＿＿＿＿ ＿＿＿＿＿＿＿＿＿＿＿＿＿＿＿＿＿＿＿＿。 任务方法：＿＿＿＿＿＿＿＿＿＿＿＿＿＿＿＿ ＿＿＿＿＿＿＿＿＿＿＿＿＿＿＿＿＿＿＿＿。

（续表）

<table>
<tr><td>任务名称</td><td colspan="6">玉米收获技术</td></tr>
<tr><td>获取信息</td><td colspan="6">要完成任务，需要掌握相关的知识。请收集资料，回答以下问题：
1. 什么是玉米收获？玉米收获的时间如何掌握，有怎样的要求？
2. 玉米储藏前要进行怎样处理？
3. 玉米安全储藏方法有哪些？
4. 玉米储藏的环境条件有怎样的要求？</td></tr>
<tr><td>制订计划</td><td colspan="6">根据玉米收获技术任务，制订相应的工作计划。</td></tr>
<tr><td rowspan="6">任务实施</td><td colspan="6">按照预先制订的工作计划，完成本任务，并记录任务实施过程。</td></tr>
<tr><td>序号</td><td>完成的任务</td><td colspan="2">遇到的问题</td><td colspan="2">解决办法</td></tr>
<tr><td></td><td></td><td colspan="2"></td><td colspan="2"></td></tr>
<tr><td></td><td></td><td colspan="2"></td><td colspan="2"></td></tr>
<tr><td></td><td></td><td colspan="2"></td><td colspan="2"></td></tr>
<tr><td></td><td></td><td colspan="2"></td><td colspan="2"></td></tr>
<tr><td rowspan="8">任务评价</td><td colspan="6">评价表</td></tr>
<tr><td>项目</td><td>评价内容</td><td>分值</td><td>自评</td><td>互评</td><td>师评</td></tr>
<tr><td rowspan="4">知识技能</td><td>玉米收获时机得当</td><td>15</td><td></td><td></td><td></td></tr>
<tr><td>玉米收获方法科学</td><td>15</td><td></td><td></td><td></td></tr>
<tr><td>玉米储藏前处理科学、合理</td><td>15</td><td></td><td></td><td></td></tr>
<tr><td>玉米储藏条件控制良好</td><td>15</td><td></td><td></td><td></td></tr>
<tr><td>任务进度</td><td>提前完成10分；正常完成7～9分；超时完成3～6分；未完成0～2分</td><td>10</td><td></td><td></td><td></td></tr>
<tr><td>任务质量</td><td>整体效果很好10分；较好7～9分；一般3～6分；较差0～2分</td><td>10</td><td></td><td></td><td></td></tr>
</table>

（续表）

任务名称	玉米收获技术					
任务评价	评价表					
	项目	评价内容	分值	自评	互评	师评
	素养表现	遵规守纪，独立思考，严谨求实，活学活用	10			
	思政表现	有家国情怀、生态情怀，有学农爱农意识	10			

任务准备

• 知识准备

一、收获

食用玉米一般在抽雄后 6 周左右，当苞叶花散、干枯变白，籽粒变硬、表面具有鲜明光泽，靠近胚的基部出现黑层，整个植株呈现黄色时，即为成熟的标志，可以收获。若收获过早，则茎叶中尚存有部分养分未转运入籽粒，籽粒不饱满，影响产量；若收获过迟，则茎秆易折断，果穗遇雨易发霉。玉米收获后籽粒成熟的生理生化反应并未结束，有些物质的转化过程还在进行，因此一般收获的玉米果穗待晾干后再进行脱粒，以利籽粒后熟。饲用青贮玉米宜在乳熟末期至蜡熟期收获。此时收获不仅青饲产量高，且饲用品质好。

二、储藏

玉米籽粒胚大，胚部脂肪含量高，吸湿性强，耐贮性差。玉米籽粒进库储藏前，应经干燥，含水量在 13% 以下，粮温不超过 30 ℃ 。仓库应干燥、防潮隔热性能好，通风散热条件好；入库前应对仓库进行清理和防虫处理；籽粒在仓库内应按品种、质量等进行分类堆放，若发现籽粒在仓内受潮发热，应及时翻仓晾晒。玉米果穗搭架储藏，胚部隐蔽，籽粒的顶部有角质层和果皮层掩盖，不易受微生物侵染，可以减轻玉米的发热霉变，储藏性能好。种用玉米采用果穗储藏，可提高发芽率。

• 工具准备

杀虫剂、杀菌剂，种衣剂，吸湿纸，培养皿。

• 人员准备

人员及任务分工见表 2-10。

表 2-10　玉米收获技术任务分工

任务角色	任务内容
组长：	任务：确定工作内容，分配工作任务，完成收获储藏
组员 1：	任务：参与讨论，咨询专业人员、查询相关资料确定正确的收获储藏方法
组员 2：	任务：参与讨论，查询相关资料，确定收获方法
组员 3：	任务：参与讨论，根据讨论结果完成玉米收获
组员 4：	任务：参与讨论，根据讨论结果完成玉米储藏

任务筹划

（1）玉米测产技术，根据玉米的产量构成因素，估测出玉米产量。

（2）收获，及时进行收获，提高品质，减少产量损失。

（3）储藏，为了玉米安全储藏，要搞好玉米的干燥，使籽粒含水量降到 13% 以下。

任务实施

步骤一：玉米测产技术。采用对角线 5 点取样法，分别选取代表性样点，四周样点距地边要有一定距离，以避免边际效应。根据实际计算：

（1）测每公顷株数。在每个样点测 10 行的距离，求平均行距；测 50～100 株的距离，求平均株距。

（2）测单株结穗率。在每个样点数 50～100 株玉米，再数其结果穗数，计算单株结穗率。

（3）测每穗粒数。在每个样点选取若干代表性果穗，脱粒，数总粒数，求每穗粒数。

（4）测千粒重。将所脱籽粒混匀，随机选取 1 000 个籽粒，烘干称重或根据品种的常年千粒重平均值估算。

（5）计算每公顷产量。依下列公式计算每公顷产量。

$$\text{每公顷产量（kg）}=\frac{\text{每公顷株数}\times\text{单株结穗率（\%）}\times\text{每穗粒数（粒）}\times\text{千粒重（g）}}{1000\times1000}$$

____

____

____

步骤二：食用玉米一般以完熟期收获为宜，收获后筛杂储藏。

____

____

____

步骤三：选择合理地点，适宜条件进行储藏，记录储藏条件。

____

____

____

步骤四：总结。针对在完成活动中遇到的问题及解决情况进行总结。

____

____

____

链接 2-5

测试题

任务检测

请扫码答题（链接 2-5）。

任务评价

班级：______________ 组别：______________ 姓名：______________

表 2-11 玉米收获技术工作任务完成过程评价

项目	评分标准	自我评价	小组评价	教师评价
玉米收获（30 分）	收获方式科学（10 分）			
	收获操作合理（10 分）			
	记录完整（10 分）			
玉米储藏（30 分）	储藏方式科学（10 分）			
	储藏操作合理（10 分）			
	记录完整（10 分）			
活动完成过程（30 分）	能够根据工作任务资料，分析并制订工作计划（5 分）			
	认真思考，积极动手，动脑（5 分）			
	积极参与小组合作与交流，配合默契，互帮互助（5 分）			
	通过小组讨论与再学习完成工作（5 分）			
	具有认真严谨的科学态度（10 分）			
活动效果（10 分）	整体的效果（很好 10 分；较好 7～9 分；一般 3～6 分；较差 0～2 分）			
合计				

（续表）

项目	评分标准	自我评价	小组评价	教师评价
自我评价与总结				
教师点评				

任务实训

玉米的收获时间因地理环境和品种而异，但一般在 8 月至 11 月。具体收获时间需根据玉米的成熟程度、天气状况等因素来确定。收获方法有手动、机械以及混合收割，混合收割是将手动和机械收割相结合的一种方式。先用收割机将玉米切割下来，再手工清理玉米颗粒，以获得更好的收割效果。根据实践经验，拟定一份玉米混合收割收获的方案，总结优缺点。

知识拓展

链接 2-6

《玉米储存品质判定规则》（GB/T 20570—2015）

链接 2-7

《玉米干燥技术规范》（GB/T 21017—2021）

项目三 油菜栽培技术

项目导读

油菜（*Brassica napus* L.）为十字花科芸薹属，一年生或越年生草本作物，又叫油白菜，苦菜，花朵为黄色。农艺学上将植物中种子含油的多个物种统称油菜。油菜是我国主要油料作物之一，也是菜、油兼用作物：油菜叶可作菜用，油菜籽含油丰富可榨油用。油菜的果壳和新鲜的茎叶，是营养价值较好的青饲料。油菜花又是养蜂的重要蜜源。所以发展油菜生产，对于满足人民生活需要，促进农牧业生产和支援工业建设都具有十分重要的意义。

本项目主要介绍油菜播前准备、油菜播种技术、油菜田间管理技术、油菜收获技术的相关知识和技能。

通过本项目的学习，使学生掌握油菜高产、优质、高效栽培理论，掌握油菜播前准备、播种、田间管理技术和收获储藏技术。

学习目标

（一）知识目标

（1）掌握油菜基础知识。了解油菜的种植历史、品种分类、生态特性等基本常识，为后续的栽培学习打下坚实的基础。

（2）理解油菜生长发育规律。学习油菜的生长发育过程，包括不同生长阶段的特点和生理需求，以及如何通过科学的管理措施来促进油菜的健壮生长。

（3）熟悉油菜产量与品质的影响因素。了解气候、土壤、肥料、病虫害等因素对油菜产量和品质的影响，并学习如何通过调控这些因素来优化油菜的产量和品质。

（二）技能目标

（1）掌握油菜栽培技术。学习油菜的播种、育苗、移栽、施肥、灌溉、除草、病虫害防治等关键技术，确保油菜能够健康生长。

（2）学会油菜田间管理。学习如何根据油菜的生长情况和环境条件，进行科学的田间管理，包括土壤管理、水分管理、肥料管理、病虫害防治等。

（3）提高实际操作能力。通过实践教学，提高学生的实际操作能力，使其能够熟练掌握油菜栽培的各个环节，为未来的农业生产工作奠定基础。

（三）发展目标

（1）提高油菜产量和品质。通过学习和实践，掌握提高油菜产量和品质的关键技术，为实现油菜产业的可持续发展作出贡献。

（2）培养创新意识和能力。鼓励学生在油菜栽培过程中进行技术创新和模式创新，培养其创新意识和能力，为农业科技进步提供人才支持。

（3）培养团队协作和沟通能力。通过团队实践和交流讨论，培养学生的团队协作和沟通能力，使其能够在未来的农业生产工作中更好地与他人合作。

（四）思政目标

（1）树立环保意识。引导学生关注农业生产对环境的影响，学习绿色农业和生态农业的理念和技术，树立环保意识，为保护生态环境作出贡献。

（2）培养爱国情怀。通过学习油菜栽培技术，使学生认识到农业生产对国家经济和社会发展的重要性，激发其爱国情怀和为国家发展贡献力量的决心。

（3）培养职业道德和社会责任感。通过实践教学和案例分析，培养学生的职业道德和社会责任感，使其在未来的农业生产工作中能够恪守职业道德、关心社会利益、积极履行社会责任。

链接 3-1

《油菜籽》（GB/T 11762—2006）

任务一　油菜播前准备

任务导入

油菜对生长环境的要求较为严格，适宜生长在温暖湿润、光照充足、土壤肥沃且排水良好的土壤环境中。在种植过程中，需要注意选择适宜的地块，并进行合理的水肥管理，以保证油菜的正常生长和发育。根据本年度气候情况，结合油菜播前准备的内容，完成油菜播前的选种、选地整地、种植管理、施用底肥等工作。

任务工单

班级________ 姓名________ 学号________

<table>
<tr><td>任务名称</td><td colspan="4">油菜播前准备</td></tr>
<tr><td>任务描述</td><td colspan="4">根据实际情况，填写本任务的内容、目的、流程和方法。
任务内容：________________________________。
任务目的：________________________________。
任务流程：________________________________。
任务方法：________________________________。</td></tr>
<tr><td>获取信息</td><td colspan="4">要完成任务，需要掌握相关的知识。请收集资料，回答以下问题：
1. 当地油菜的优良品种有哪些？

2. 油菜指的是哪一类作物？

3. 油菜有哪些类型？

4. 油菜在用地与养地中有哪些重要的作用？

5. 油菜播前需要准备哪些事项？</td></tr>
<tr><td>制订计划</td><td colspan="4">根据油菜播前准备，制订相应的工作计划。</td></tr>
<tr><td rowspan="6">任务实施</td><td colspan="4">按照预先制订的工作计划，完成本任务，并记录任务实施过程。</td></tr>
<tr><td>序号</td><td>完成的任务</td><td>遇到的问题</td><td>解决办法</td></tr>
<tr><td></td><td></td><td></td><td></td></tr>
<tr><td></td><td></td><td></td><td></td></tr>
<tr><td></td><td></td><td></td><td></td></tr>
<tr><td></td><td></td><td></td><td></td></tr>
</table>

任务准备

• 知识准备

一、油菜的类型

我国栽培油菜有 3 种类型：白菜型、芥菜型和甘蓝型。下面分别介绍：

（一）白菜型

白菜型油菜主根不发达，支根较发达，植株矮而分枝性强，分枝节位低，叶片全缘，大而薄，多无蜡粉，茎叶抱茎而生，花大，花瓣两侧互相重叠，种子无辣味，千粒重 2～3 g。耐晚霜冻能力强，幼苗较耐湿，耐旱性较弱，抗病性较差，产量较低。包括北方小油菜和南方油白菜两种。北方小油菜主要特征是：株形矮小，分枝少，茎秆细，叶不发达，匍匐生长，叶形椭圆，有明显的琴状裂片，且刺毛多，被有一层薄的蜡粉。南方油白菜与北方小油菜比较，株形较大，茎秆较粗壮，叶肉组织疏松，叶发达，叶柄宽，中肋肥厚，叶全缘或有浅缺刻，绝大多数不具有蜡粉。

（二）芥菜型

芥菜型油菜通称高油菜、苦油菜、辣油菜或大油菜。主要特征是：植株高大，株形松散，分枝纤细，分枝部位高，主根发达。幼苗基部叶片小而狭窄，有明显的叶柄，叶面皱缩。花瓣较小，4 瓣分离。角果细而短，籽粒一般较小，千粒重 2 g 左右。种子有黄色、红色、褐色和黑色，种皮表面有明显的网纹。含油量一般在 30%～35%，但也有高达 50% 的品种。种子有辛辣味，油分品质较差，不耐储藏，生育期较长，耐寒性、抗旱性、耐瘠性都较强，抗病性中等，产量较高。

（三）甘蓝型

甘蓝型油菜主要特征是：根茎膨大，汁液多，株形中等，薹茎叶半抱茎；叶片蓝绿色，大小中等，花大，花瓣重叠；种子无辣味，黑褐色，千粒重 3～4 g。生长势强，耐水肥，抗寒性强。属高产类型，生产上比白菜型油菜品种增产 30%～50%。

二、油菜的形态特征

（一）根

油菜的根系属于直根系，具有主根和侧根，主根入土可达 50 cm 左右，最深可达 100 cm 以上，侧根和细根多集中于 20～30 cm 的耕层内。主根上部粗壮膨大，下部细长，呈长圆锥形状。油菜 3 种类型在根的形态上有一定差异。白菜型和甘蓝型油菜根略有膨大，为肉质根，木质化程度低，根系发达，分布密集，主根入土浅，抗旱、抗倒力弱，称密生根系；芥菜型油菜主根不膨大，木质化程度高，侧根稀，支根少，入土深，抗旱、抗倒力强。

油菜根系在幼苗期生长较慢，开盘以后，主、侧根生长速度逐渐加快，至初花期已超过最大根量的 50%。油菜根系的发育状况与栽培环境关系密切。土壤结构良好，土层深厚而肥沃，耕作精细，则主根纵深伸长可达 100～200 cm，支细根数量增多，分布也加深加宽；在干旱条件下，油菜的主根会加深，但支细根数量却大大减少。密度过大，根系会由于营养面积变小而发育不良。另外，油菜根系还有改良土壤结构性状的作用，可增加土壤蓄水量，并通过根系分泌物对土壤微生物活动的有益影响来提高土壤肥力。

（二）茎和分枝

幼苗期油菜主茎短缩不伸长，抽薹后，主茎节间迅速伸长呈直立形并同时长粗，至终花期，茎的伸长基本停止。主茎的伸长高度依品种而异，矮小油菜品种主茎伸长高度约在 70 cm 以下，高大油菜品种主茎伸长高度可达 200 cm 以上，一般品种主茎伸长高度在 150 cm 左右。油菜主茎表面较光滑或着生稀疏刺毛，呈现绿色、灰蓝色或紫色。

主茎由下往上分为缩茎段（主茎基部，节短而密集，着生长柄叶）、伸长茎段（主茎中部，节较长，着生短柄叶）、薹茎段（主茎上部，节最长，着生无柄叶）。

油菜的分枝上可再生分枝，即 2 次分枝、3 次分枝等。一般主茎下部分枝在抽薹后 5～8 d 出现，以后由下而上依次出现，4～5 d 内所有分枝相继伸长，初花期至盛花期伸长最快，终花时达最大长度。

（三）叶

叶分为子叶和真叶两种。子叶有心脏形、肾形和杈形 3 种。真叶为不完全叶，仅具叶柄和叶片，或无叶柄。一般油菜在不同生育时期出现以下 3 种不同形态的叶，长柄叶（着生在缩茎段上）、短柄叶（着生在伸长茎段）和无柄叶（着生在薹茎段）。一般植株下部叶较大，主茎上部和分枝上的叶较小。叶缘有全缘、波状、锯齿、缺刻等。叶片的色泽有绿色（深浅不同）、灰蓝色、紫色等。叶片表面有的光滑，有的有茸毛，蜡粉有的多有的少。

（四）花

花序为总状无限花序。花由 4 枚狭长的萼片、4 枚花瓣、6 枚雄蕊（4 长 2 短）、1 枚雌蕊和 4 枚蜜腺组成。

油菜开花的顺序，就整株而言，是主花序先开，然后第 1 分枝、第 2 分枝依次开放；就某一花序而言，是从基部向上开放。每天开放时间多集中在 8：00—10：00。油菜花期较长，初花至终花一般为 20～25 d，如果外界条件适宜，主花序还可能继续伸长，继续开花。

油菜花期发育受外界环境条件影响较大。水肥供应不足或缺少必要的硼、锌、硫等微量元素都会使花大量败育或形成畸形角果。此外，开花期高温多雨也能导致不育。如果盛花期遇到 33 ℃以上持续高温，会使大量花蕾脱落，阴雨连绵的天气不育率增高且易感染菌核病。

（五）果实

角果。由果喙、果身和果柄 3 部分组成。种皮的颜色因品种不同，有黄色、浅褐色、褐色、黑色及褐黄双色等多种颜色。种皮在种子发育初期为无色，随着发育进程逐渐变为浅绿色、绿色、黄绿色，最后呈现出品种固有的颜色。

- **工具准备**

农具、试验田、记录本。

- **材料准备**

肥料、油菜种子（要求种子保证纯度达到 95%、净度达到 98%、发芽率达到 85%，并且含水量小于 9%）。

- **人员准备**

人员及任务分工见表 3-1。

表 3-1　油菜播前准备任务分工

任务角色	任务内容
组长：	任务：组织小组讨论，确定工作内容，分配工作任务，全程监控任务推进
组员 1：	任务：参与讨论，调查整理当前青海本地油菜生产中的优良品种及其特性，通过讨论，确定栽培品种
组员 2：	任务：参与讨论，查询相关资料，确定选种、晒种方法
组员 3：	任务：参与讨论，对试验田进行考察，选择最适播种区域，清理田间杂草，深翻土壤
组员 4：	任务：参与讨论，咨询专业人员、查询相关资料，走访企业、市场调研等方式，结合土壤的养分含量，制订施肥方案科学补肥

任务筹划

1. 选种

坚持因地制宜原则，结合油菜的用途以及抗病性选择适合当地种植的优良品种。结合当地的种植经验，选择经过国家检验的品种，并且小范围种植。同时，以市场为导向选种，选择品种价值高、菜籽油品质优良的品种。结合土壤情况和种植环境应用现代化的科学技术，选择适合本地区种植的品种。从正规渠道购买，通过国家或省级认定的适合长江流域种植的中熟或中晚熟的优质高产杂交品种。

2. 种子处理

（1）晾晒。在油菜籽播种前晾晒 24～48 h，能够激发种子活性，灭杀种子表面致病菌。禁止在水泥地晾晒，否则会灼伤种子。

（2）筛选。用盐水清洗种子、晾晒，浸泡在 1% 盐水中，每 1 kg 盐水浸泡 600 g 种子。在质量浓度适宜的盐水中，饱满的种子会沉在底部，便于筛选优质种子。浸泡期间要不停搅拌，挑出杂质并处理干净，捞出后用清水冲洗。

（3）浸种。晒种和选种完成后进行药剂浸泡，可选福尔马林和高锰酸钾等溶液浸泡，也可放在 55 ℃温水中浸泡，捞出后晾干备用，能够有效防治病虫害。

还可对油菜籽进行包衣处理，当前常见的种衣剂有“适乐时”“种卫士”等，能够形成一层有效的保护膜，降低病虫害的发生概率，保证油菜的产量和质量。

3. 选地

在选地前考察周围的土壤环境，远离各种污染源，保证交通便利，综合考虑机械设备作业以及运输管理。确保排灌方便，满足油菜生育期的抗旱、防涝需求。坚持与水稻和马铃薯等作物轮作至少 3 年，但是不能和豆科作物以及十字花科作物连作，会增加发病概率。选择地势平坦、土层深厚，有机质含量高，透气性好，pH 值为 6.5～7.5 的土壤，能够保证油菜的产量和质量。

4. 整地

前茬作物收获后做好整地工作。清理田间杂草，保证油菜栽培工作顺利进行。于晴天深翻土壤 25～30 cm，通过阳光暴晒，灭杀土壤中的病菌和虫卵，增强土壤透气性。

5. 施底肥

在施肥过程中，应施足底肥，早施入苗肥，控制化肥用量。通常施入有机肥 15 000～30 000 kg/hm^2、过磷酸钙 300～450 kg/hm^2、硼砂 15 kg/hm^2，均匀混合后堆沤 10～15 d。选择充分腐熟有机肥，在整地前均匀地撒在土壤表面，平整土壤，提高地力。

任务实施

步骤一：调查当前青海本地油菜生产中的 5 个优良品种及其特性，对调查结果进行整理，小组内讨论，从中选择适宜的栽培品种（表 3–2）。

表 3–2　青海本地油菜生产中的 5 个优良品种及其特性

品种名称	特征特性	备注

步骤二：根据所选择的油菜栽培品种特性，制订方案，选择合适的方式，对油菜种子进行处理，详细记录处理实情。

____

____

____

步骤三：对试验田进行考察，选择最适播种区域，清理田间杂草，深翻土壤，记录整地实情。

____

____

____

步骤四：通过测土配方施肥技术，结合土壤的养分含量，科学补肥，记录补肥实情。

____

____

____

步骤五：小组成员，讨论过程中出现的问题，对任务进行总结评价，整理试验记录，与查阅资料形成对比。

____

____

____

链接 3-2

测试题

任务检测

请扫码答题（链接 3-2）。

任务评价

班级：__________　组别：__________　姓名：__________

表 3-3　油菜播前准备工作活动完成过程评价

项目	评分标准	自我评价	小组评价	教师评价
选地、整地（20 分）	畦面平整，表土层细碎犁底层紧实（10 分）			
	操作步骤合理（10 分）			
施用底肥（20 分）	底肥选择合适（10 分）			
	操作步骤合理（10 分）			
种子处理（20 分）	无杂质、杂种（7 分）			
	杀菌药剂使用科学、合理，包衣均匀（5 分）			
	种子处理步骤合理（8 分）			

（续表）

项目	评分标准	自我评价	小组评价	教师评价
活动完成过程（30分）	能够根据工作任务资料，分析并制订工作计划（5分）			
	认真思考，积极动手，动脑（5分）			
	积极参与小组合作与交流，配合默契，互帮互助（5分）			
	通过小组讨论与再学习完成工作（5分）			
	具有认真严谨的科学态度（10分）			
活动效果（10分）	整体的效果（很好10分；较好7～9分；一般3～6分；较差0～2分）			
合计				
自我评价与总结				
教师点评				

任务二　油菜播种技术

任务导入

油菜播种是油菜生产中的一项很重要的工作，一般使用播种工具进行条播，株距在播种时很难掌握，所以在齐苗后及时对稠密的幼苗进行间除。根据本地情况结合油菜播种原则、要求及方法，科学、合理地掌握油菜播种时间及密度，完成播种工作。

任务工单

班级＿＿＿＿＿＿＿＿　姓名＿＿＿＿＿＿＿＿　学号＿＿＿＿＿＿＿＿

<table>
<tr><td>任务名称</td><td colspan="4">油菜播种技术</td></tr>
<tr><td>任务描述</td><td colspan="4">根据实际情况，填写本任务的内容、目的、流程和方法。
任务内容＿＿＿＿＿＿＿＿＿＿＿＿＿＿＿＿＿＿＿＿＿＿＿＿＿＿＿＿＿＿＿＿＿＿＿。
任务目的：＿＿＿＿＿＿＿＿＿＿＿＿＿＿＿＿＿＿＿＿＿＿＿＿＿＿＿＿＿＿＿＿＿＿。
任务流程：＿＿＿＿＿＿＿＿＿＿＿＿＿＿＿＿＿＿＿＿＿＿＿＿＿＿＿＿＿＿＿＿＿＿。
任务方法：＿＿＿＿＿＿＿＿＿＿＿＿＿＿＿＿＿＿＿＿＿＿＿＿＿＿＿＿＿＿＿＿＿＿。</td></tr>
<tr><td>获取信息</td><td colspan="4">要完成任务，需要掌握相关的知识。请收集资料，回答以下问题：
1. 如何才能整好苗床地？
2. 油菜间苗应注意哪几点？
3. 试述油菜移栽操作过程。
4. 简述油菜壮苗的形态特征。
5. 适播期如何确定？
6. 油菜的种植方式有哪些？</td></tr>
<tr><td>制订计划</td><td colspan="4">根据油菜播种技术任务，制订相应的工作计划。</td></tr>
<tr><td rowspan="6">任务实施</td><td colspan="4">按照预先制订的工作计划，完成本任务，并记录任务实施过程。</td></tr>
<tr><td>序号</td><td>完成的任务</td><td>遇到的问题</td><td>解决办法</td></tr>
<tr><td></td><td></td><td></td><td></td></tr>
<tr><td></td><td></td><td></td><td></td></tr>
<tr><td></td><td></td><td></td><td></td></tr>
<tr><td></td><td></td><td></td><td></td></tr>
</table>

任务准备

• 知识准备

一、适播期的确定

适期早播，培育壮苗是实现油菜优质高产、稳产的基础。适宜的播期是根据气候条件、耕作制度和品种特性而确定的。冬油菜适期早播，可利用冬前生长期促苗长根、发叶，根茎增粗，积累较多的营养物质，实现壮苗越冬，春季早发稳长，稳产增收。播种晚，冬前生长时间短，叶片少，根量小，所累积干物质少，抗逆性差，越冬死苗严重，春后枝叶数量少，角果角粒数少。但播种过早，秋季生长过旺，养分消耗过多，根茎糠老，抗逆性差，也不利于高产。强春性品种，播种过早，易引起年前抽薹开花，减产严重。

油菜的适播期应在 5 cm 地温稳定 10～15 ℃时，一般比当地小麦适播期提前 15～20 d。我国冬油菜产区气候条件差异大，因而播种期不太一致。黄淮区适播期一般 9 月上旬育苗移栽，9 月下旬直播油菜。旱原地区在 9 月上旬播种。长江中上游在 9 月 8—13 日育苗，在 9 月 15—20 日直播。长江下游在 9 月 15—20 日育苗，在 9 月 25 日前后直播。

此外，确定具体播期，还要考虑该品种特性、土壤墒情等。冬性强的品种可适当早播，春性强的品种适当晚播，遇墒时应及时趁墒播种。

二、选择适宜的种植方式

油菜的种植方式有大田直播和育苗移栽两种。两种方式各有其特点：

（一）大田直播的特点

一是主根发达，吸收土壤深层肥水能力强。直播油菜主根入土较深，一般 1 m 以上，土层较厚的关中平原，入土可深达 2 m 以上。分布在土壤深处的根系，有利于吸收土壤层养分和水分，提高油菜抗旱耐瘠能力。而移栽油菜主根被截断，入土较浅，抗旱耐瘠能力不如直播油菜。

二是支撑力强，较抗倒伏。直播油菜距地表 5～15 cm 主根上的侧根发达。这些侧根与主根呈一定的夹角，对主根有一定的固定和支撑作用，不容易产生根倒。

三是用工量少。与育苗移栽相比，减少了苗床管理与移栽用工。

（二）育苗移栽的优点

一是解决季节矛盾。在一年两熟和一年三熟制地区，由于前茬腾茬晚往往影响油菜的适期早播，形成季节矛盾。育苗移栽在前作未成熟收获前，提前在苗床进行育苗，充分利用冬前温光条件培育壮苗，待前茬适时收获后，再精细整地移栽，错开三秋大忙和腾茬晚的矛盾，有利于油菜壮苗早发和保证全年丰收。

二是生长势强，群体整齐。早播育苗积累较多的养分，有利于壮苗早发。同时，移栽时采取大壮苗分级、分批按照规定密度和株行距移栽，幼苗长势一致，株行距一致，群体结构合理，群体质量高。

（三）确定适宜的种植方式。

确定适宜的油菜种植方式，要考虑到各地的自然条件和耕作制度。

根据栽培制度考虑，一年两熟冬油菜区可采用移栽、直播种植方式并灵活采用。前后作季节矛盾小，品种搭配得当，可保证适期播种的一般采取直播；前作收获晚，影响适期直播，则需采取育苗移栽。一年三熟冬油菜区前后茬季节矛盾突出，必须采取育苗移栽。两年三熟冬油菜区和一年一熟春油菜地区宜采用直播。

根据自然条件考虑，在降水少、灌溉条件差的地区，由于育苗苗床灌水和栽后灌水缓苗难以保证，不宜采用育苗移栽。在旱原区采取直播方式能保证油菜的抗旱、耐瘠能力。同时，土质黏重地区，不能保证移栽质量，宜采用直播方式。

三、种植密度和种植方式

（一）确定种植密度的原则

应根据气候条件、水肥条件、整地质量、品种类型、播种迟早和播种方式以及病虫害情况决定种植密度。

肥水条件好，播种期早，个体生长旺盛，株型松散，分枝部位低，晚熟品种和气温较高，雨水较多的情况下应当稀植，反之宜密植。在菌核病严重的地区，应适当稀植，病毒病严重的地区应适当密植。

（二）适宜种植密度的范围

不同地区不同条件下的适宜种植密度差异很大。华南沿海地区（广西各地在内）种植的春性油菜品种、半冬性早熟油菜品种和早中熟油菜品种：移栽油菜种植密度 1.2 万～1.5 万株 / 亩，直播油菜留苗数增加约 30%（2.0 万株 / 亩）。

（三）种植方式

移栽油菜通常采用宽窄行、宽行窄株和等行株距 3 种种植方式：

宽窄行：宽行 46 cm，窄行 33 cm，株距 10～13 cm。

宽行窄株：行距 33 cm，株距 13～16 cm。

等行株距：25 cm × 25 cm 或 30 cm × 30 cm。

直播油菜通常采用等行距撒播方式，一般行距 25～30 cm，种植行沟内撒播，播幅 5～6 cm，定苗后留苗株距 10～13 cm。

- **工具准备**

农具、试验田、记录本。

• 材料准备

肥料。

• 人员准备

人员及任务分工见表 3-4。

表 3-4 油菜播种技术任务分工

任务角色	任务内容
组长：	任务：组织小组讨论，确定工作内容，分配工作任务，全程监控任务推进
组员 1：	任务：参与讨论，查询相关资料，结合当地的气候条件和品种的特性，确定播种时间
组员 2：	任务：参与讨论，查询相关资料，咨询专业人士，对试验田进行墒情评估
组员 3：	任务：参与讨论，查询相关资料，咨询专业人士，根据试验田面积，计算播种量，记录数据
组员 4：	任务：参与讨论，筛选合格种子，制订播种方案，进行播种

任务筹划

采用直播的方式，对试验田油菜进行播种。

1. 造墒播种

油菜发芽需要水分充足，如果土壤墒情差，影响油菜出苗率，导致出苗不齐。在播种前要及时浇水，保证田间相对湿度达到 75% 左右，提高油菜出苗率。秋季干旱，在播种前应浇水造墒，翻耕种地，保证播种时的土壤墒情良好。

2. 播种时间

（1）播种期。要求适期早播，一般播种适期在 10 月上中旬，最迟在 10 月底结束。

（2）播种方式。可以采取条播、穴播和撒播等方式。采用穴播的，每亩密度 7 000～8 000 穴（穴距：20 cm × 40 cm）；采用条播的，行距 35～40 cm；撒播方式简单，直接撒在畦面上。播种时，每亩种子先用干细土 15 kg 加硼砂 1 kg，拌匀后分畦称量播种，力求全田均匀。如土壤墒情差，播后要及时抗旱，确保一播全苗。

（3）播种量。播种量视种子发芽率、土壤墒情而定，免耕直播油菜每亩播种量以 200～250 g 为宜，密度约为每亩 2 万株。但随着播期的推迟，如迟到 10 月中旬以后，每亩播种量可增加到 300 g，密度每亩达到 2.5 万株以上为宜。

任务实施

步骤一：结合当地的气候条件和品种的特性，确定播种时间。

步骤二：在播种前应浇水造墒，翻耕种地，保证播种时的土壤墒情良好，记录实情。

步骤三：根据试验田面积，计算播种量，记录数据。

步骤四：播种。把油菜籽与细沙、草木灰拌匀撒施于厢面，做到撒匀、浅盖、不露籽。

步骤五：小组成员，讨论过程中出现的问题，对任务进行总结评价，整理试验记录，与查阅资料形成对比。

链接 3–3

测试题

任务检测

请扫码答题（链接 3-3）。

任务评价

班级：________　组别：________　姓名：________

表 3–5　油菜播种技术工作活动完成过程评价

项目	评分标准	自我评价	小组评价	教师评价
种子播撒（30 分）	播撒均匀（15 分）			
	操作步骤合理（15 分）			
播种时间、播种量（30 分）	时间适宜，计算准确（15 分）			
	操作步骤合理（15 分）			
活动完成过程（30 分）	能够根据工作任务资料，分析并制订工作计划（5 分）			
	认真思考，积极动手，动脑（5 分）			
	积极参与小组合作与交流，配合默契，互帮互助（5 分）			
	通过小组讨论与再学习完成工作（5 分）			
	具有认真严谨的科学态度（10 分）			
活动效果（10 分）	整体的效果（很好 10 分；较好 7～9 分；一般 3～6 分；较差 0～2 分）			
合计				

（续表）

项目	评分标准	自我评价	小组评价	教师评价
自我评价与总结				
教师点评				

任务三　油菜田间管理技术

任务导入

油菜移栽成活后或直播定苗后，要进行中耕、除草和追肥，冬前要进行 2～3 次。中耕、除草和追肥可创造良好的土壤环境条件促进根系生长，起到壮根壮苗的作用。通过这次劳动，要求掌握中耕、除草和追肥等技术。对已播种完成的试验田，进行动态监测，实时管理。

任务工单

班级＿＿＿＿＿＿＿＿　姓名＿＿＿＿＿＿＿＿　学号＿＿＿＿＿＿＿＿

任务名称	油菜田间管理技术
任务描述	根据实际情况，填写本任务的内容、目的、流程和方法。 任务内容：＿＿＿＿＿＿＿＿＿＿＿＿＿＿＿＿＿＿＿＿。 任务目的：＿＿＿＿＿＿＿＿＿＿＿＿＿＿＿＿＿＿＿＿。 任务流程：＿＿＿＿＿＿＿＿＿＿＿＿＿＿＿＿＿＿＿＿。 任务方法：＿＿＿＿＿＿＿＿＿＿＿＿＿＿＿＿＿＿＿＿。
获取信息	要完成任务，需要掌握相关的知识。请收集资料，回答以下问题： 1. 冬型和半冬型的油菜种子如果未经春化处理便进行春播会如何？ 2. 怎样施腊肥？试述操作过程。

（续表）

<table>
<tr><td>任务名称</td><td colspan="4">油菜田间管理技术</td></tr>
<tr><td>获取信息</td><td colspan="4">3. 油菜的一生可分为哪几个时期？各时期是如何划分的？

4. 如何针对油菜的不同苗类合理施用薹肥？</td></tr>
<tr><td>制订计划</td><td colspan="4">根据油菜田间管理技术，制订相应的工作计划。</td></tr>
<tr><td rowspan="6">任务实施</td><td colspan="4">按照预先制订的工作计划，完成本任务，并记录任务实施过程。</td></tr>
<tr><td>序号</td><td>完成的任务</td><td>遇到的问题</td><td>解决办法</td></tr>
<tr><td></td><td></td><td></td><td></td></tr>
<tr><td></td><td></td><td></td><td></td></tr>
<tr><td></td><td></td><td></td><td></td></tr>
<tr><td></td><td></td><td></td><td></td></tr>
</table>

任务准备

• 知识准备

一、油菜的阶段发育

油菜在现蕾以前需要经过春化和光照两个在本质上不同的发育阶段，然后才能抽薹开花结实。

（一）春化阶段

油菜通过春化阶段要求以低温为主导因素的外界环境条件。根据我国不同油菜类型和品种春化阶段对温度条件的不同要求，可以将其分为 3 种类型。

1. 冬性型

这类油菜对低温要求严格，需要在 0～5 ℃的低温下，经过 15～45 d 才能进行发育。冬性型油菜的生育期较长，多为晚熟或中晚熟品种。

2. 春性型

这类油菜可以在 10 ℃左右，甚至更高温度下很快发育。此类型油菜生育期较短，在春季或初夏播种，均能正常抽薹开花。但如在秋季播种，早播遇高温，会提前开花，冬季易受冻害。多为早熟或中熟品种。

3. 半冬性型

这类油菜对低温的反应介于冬性型和春性型之间，许多半冬性型油菜品种既可在冬油菜区进行秋播，又可在春油菜区进行春播。其生育期较冬性型短，较春性型长。一般冬油菜的中熟、早中熟品种属于这一类。

油菜的春化阶段一般在萌动的种子中即可进行。春油菜多在播种出苗后不久即通过春化阶段；冬油菜则在越冬后或越冬前通过春化阶段。

（二）光照阶段

油菜的光照阶段是在幼苗主茎生长点春化阶段完成的基础上进行的，油菜通过春化阶段以后，便进入光照阶段。油菜通过光照阶段要求外界环境条件以光照为主导因素。油菜是长日照作物，延长光照能促使油菜提前开花，一般每天 12～14 h 的光照即可满足其对光照的要求，若延长光照时间到 14 h 以上，就能促进光照阶段进程，使油菜提早现蕾抽薹和开花结实。反之，如果每天光照时间缩短到 12 h 以下，就会大大减缓通过光照阶段的速度。

二、油菜的生育期和生育阶段

油菜出苗至角果发育成熟所经历的天数，称生育期。由于油菜类型、品种特性、气候条件和播期的不同，生育期相差较大。我国北方秋播油菜，于秋季播种到次年夏季收获，要经过漫长的冬季，生育期较长，为 160～230 d。北方春播油菜，多数地方早春播种，夏季收获，生育期为 80～100 d；在高寒地区，如青海高原是春种秋收，生育期为 100～120 d；黑龙江种植油菜则是春种夏收，生育期为 70～90 d。

油菜一生要经历发芽出苗期、苗期、蕾薹期、开花期和角果成熟期等 5 个生育阶段。

（一）种子的萌发与出苗

1. 种子的形态构造

油菜种子为球形或近似球形，表皮有网状结构，表皮颜色有黄色、褐色、黑色等。芥菜型油菜籽粒小，千粒重 1～2 g；甘蓝型油菜千粒重较大，多在 2～4 g；白菜型油菜种子千粒重变异范围较大，小的 1 g 以下，大的 6 g 以上。

2. 种子的萌发与出苗

指油菜从种子播种到全田有 75% 子叶出土展平这一段时间。这一阶段的长短，在水分和土壤氧气等条件良好时，决定因素是温度。在一定范围内，温度愈高，发芽出苗越快。一般日平均气温在 3℃左右时，油菜种子虽可萌动，但发芽出苗很慢，出苗需 20 d 以上；7～8℃时，需 10 d 以上；12℃左右，需 7～8 d；在 16～20℃的适温时，仅需 3～5 d。

油菜种子小，播种浅，发芽时吸水量多，播种时保持一定的土壤湿度是保证出全苗的关键。要求田间土壤含水量为田间最大持水量的 60%～70%。

油菜籽的主要成分是油脂，种子萌发时需要更多的氧气，才能将脂肪转化为糖类，供应发芽出苗所需的养分和能量。所以，油菜播种时要求土壤疏松，通气良好。另外，由于种子较小，所以整地质量差，表土坷垃过大或播种过深、过浅，都将影响油菜出苗的进程和质量。

（二）苗期的生长发育

油菜从出苗到现蕾为苗期。冬油菜与春油菜在生育期上的差异，主要是由苗期的长短不同决定的。春油菜苗期短，1 个月左右，而冬油菜苗期长，一般从上一年秋季延续到第二年春季，苗期约占全生育期的 1/2。为了便于田间诊断和科学管理，通常把油菜苗期分为苗前期（幼苗期）和苗后期（开盘期）。苗前期是指从出苗到开盘（幼苗顶端开始花芽分化）以前，生长中心是叶片和根系，为纯营养生长阶段。苗后期是从开盘到现蕾。这段时间油菜除继续长根、长叶等营养器官外，同时又开始花芽分化，是营养生长与生殖生长并进时期。开盘期是油菜发根、分枝和积累养分的重要时期。此期地上部生长渐趋缓慢，根茎迅速膨大，叶片的光合产物以糖的形式大量积累于根茎和根部，同时叶腋间大量抽生腋芽，大部分花序先后进行分化。

冬油菜一般在平均气温下降到 0 ℃进入越冬期，经 70～80 d 至翌年春季返青。在越冬期间，植株处于休眠或半休眠状态，主要依靠主根短缩茎储藏的养分维持生命，抵御寒冷。如果冬前植株细弱，或因播种过早，主根过粗，根质松软，生机衰退，会使养分储藏不足而造成越冬死苗。所以，冬前培育壮苗是确保安全越冬的关键。

（三）蕾薹期的生长发育

油菜植株从露出花蕾到第 1 朵花开放这一段时间为蕾薹期。此期油菜植株进入营养生长与生殖生长并进阶段，生长最旺盛。营养生长主要表现为主茎增长很快，每天伸长 2～3 cm。随着主茎伸长，基部叶面积增大，茎生叶和分枝继续生长。到初花期前，主茎叶数基本出齐，主茎伸长趋于缓慢，但顶端继续伸长形成主花序。分枝顶端也相继伸长，形成分枝花序。至此，生长中心由营养生长转向生殖生长。主花序上已显现花蕾并迅速增大；各分枝花序上花蕾相继出现，整个植株含苞待放。

蕾薹期对肥水要求十分迫切，是油菜的水分临界期。这一时期如肥水不足，则叶面积小、主茎和分枝瘦弱、有效分枝少、花序短、花蕾少，对产量造成严重影响。但如果肥水过多，则叶片过于肥大，通风透光条件差，植株下部叶片早衰，无效分枝增加。

（四）开花期的生长发育

油菜由初花期到终花期为开花期。全田有 25% 植株开始开花为初花期，有 85% 植株主花序顶端花蕾开完为终花期。油菜开花期无论冬油菜还是春油菜均较为一致，30 d 左右。开花期适宜温度为 14～18 ℃，10 ℃以下开花数减少，5 ℃以下不能正常开花。如果气温过高，温度达 25 ℃以上时，虽然可以开花，但所开的花结实不良，角果数减少，且易脱落。油菜开花和结角重叠进行，生理活动极为旺盛，需要充足的水分和养分。如果肥水不足或氮肥过多，会导致落花落角增多。

- **工具准备**

农具、试验田、记录本。

- **材料准备**

肥料。

- **人员准备**

人员及任务分工见表 3-6。

表 3-6 油菜田间管理技术任务分工

任务角色	任务内容
组长：	任务：定期开展小组会，确定工作内容，分配工作任务，全程监测幼苗生长，实时记录，汇报油菜的田间管理情况
组员 1：	任务：参与讨论，根据任务分配，全程监测幼苗生长，实时记录，在出苗后观察出苗情况，进行间苗补苗
组员 2：	任务：参与讨论，根据任务分配，定期进行油菜的追肥浇水和中耕等田间管理，并做好监测记录
组员 3：	任务：参与讨论，根据任务分配，定期进行油菜的追肥浇水和中耕等田间管理，并做好监测记录
组员 4：	任务：参与讨论，根据任务分配，定期进行油菜的追肥浇水和中耕等田间管理，并做好监测记录

任务筹划

1. 间苗和定苗

油菜播种后及时观察出苗情况，结合土壤条件、施肥水平、品种特性和播期，适当调整种植密度，保证种植的合理性。过稀会影响个体和群体之间的生长，不利于油菜高产。及时做好间苗、定苗工作是提高油菜高产的重要环节。

2. 施肥管理

油菜生育期主要包括苗期、现蕾抽薹期、蕾薹期、开花期和成熟期，不同阶段对养分的需求不同，应结合苗生长情况科学追肥。

（1）苗期。发现苗弱和苗黄，及时追施尿素或者氮磷钾复合肥 3 375 kg/hm²。重视蜡肥，可以施用发酵油饼肥 225～300 kg/hm²，或者施入复合肥 300 kg/hm²。加入水粪 225～300 kg/hm² 或尿素 105～150 kg/hm²，结合中耕培土，促进油菜根、茎和叶片的生长，保证植株更加健壮，为油菜的生长奠定良好的基础，提高产量。

（2）现蕾抽薹期。该时期油菜对肥料的需求量大，占整个生育期需肥量的 50% 左右，结合苗情追肥和施蜡肥情况，针对肥力不足和长势差的油菜田，及时追施磷酸钾复合肥 3 375 kg/hm^2。

（3）蕾薹期。该时期施肥不足，要及时巧施花肥，促进角果成熟，可喷施 0.2% 磷酸二氢钾溶液，能够提高千粒重和油菜的含油率。控制硼肥用量，更好地促进油菜分化发育，在维持正常的叶绿体结构和增强植物对菌核病抗病能力方面发挥着重要作用。油菜缺硼肥极易萎蔫，导致油菜减产，甚至颗粒无收。对于严重缺硼的土块，施用硼肥 22.5 kg/hm^2 兑水 11 250～15 750 kg/hm^2，选择晴天下午喷施叶面，能够增产 50%～60%。

（4）开花期。油菜开花期是营养生长和生殖生长最旺盛的时期，对养分的需求量大，尤其是对磷、钾、硼等元素的需求更为迫切。因此，施肥应以补充这些元素为主，同时根据油菜的生长状况和土壤肥力情况灵活调整施肥量。施肥前应对油菜的生长状况进行仔细观察，根据苗情和土壤肥力情况来确定施肥量和施肥方法。对于长势旺盛的油菜，可适当减少施肥量；对于长势较弱的油菜，则应适当增加施肥量。油菜开花期对氮元素的需求量逐渐减少，若此时重施氮肥，易导致油菜贪青晚熟，影响产量和品质。因此，在施肥时应以磷钾肥为主，适量补充硼肥等微量元素。

（5）油菜成熟期的施肥管理对于提高油菜籽的产量和品质至关重要。在油菜成熟期，植株的营养生长基本停止，生殖生长占据主导地位，此时的管理应侧重于促进籽粒的充实和饱满。油菜成熟期对磷、钾元素的需求较大，这些元素有助于促进籽粒的充实和油分的积累。因此，施肥时应以磷钾肥为主，适量补充氮肥。由于油菜植株高大，根系吸收能力减弱，因此多采用叶面喷施的方式进行施肥。叶面喷施具有吸收快、利用率高的优点，可以快速补充油菜所需的养分。

3. 抗旱防涝

油菜生长发育过程需要充足的水分，种植者要做好油菜田的水分管理工作，结合实际情况科学灌溉和排水。在播种时，利用稻草覆盖油菜田四周能够起到防旱以及减少水分蒸发的作用。发现干旱应及时灌水，选择滴灌或喷灌的方式，减少水资源的浪费，提高水资源的利用率。结合当地的降水量情况，控制灌溉次数和灌溉频率，如果土壤含水量低于 45%，或土壤表面发白，要及时灌溉，将土壤含水量提升到 70% 左右即可。禁止大水漫灌，在降水后及时排出田间积水，防止引发涝灾。

4. 中耕培土

油菜 4～5 片叶时可进行中耕培土，能够疏松土壤，促进根部的生长发育，保证油菜秧苗的质量。立春后，油菜封行之前再次中耕培土，配合清除杂草，增强油菜的抗倒伏能力，促进油菜根部的生长发育。另外，在整个油菜生长时期，进行 2～3 次中耕培土即可。

5. 除草

杂草会争夺土壤中的水分和养分，影响油菜健康生长。为此，要结合油菜田的杂草分布情况，选择人工除草或药剂除草。在油菜出芽前或者移栽前，选择 50% 乙草胺乳油 22 500 mL/hm² 兑水 11 250 kg/hm² 喷雾，能够防治混生杂草。

6. 化学调控

在油菜越冬前，遇到寒流很容易引发冻害，导致油菜减产，甚至绝收。为此，做好越冬前的化学调控工作很重要。选择 15% 多效唑可湿性粉剂 450 g/hm² 兑水 450 kg/hm² 喷雾，可促进越冬期的油菜根部的生长发育，矮化植株，增强油菜的抗冻能力，保证油菜顺利安全越冬。

任务实施

步骤一：结合中耕追肥及早间苗、定苗。2～3 叶期进行间苗，4～5 叶期进行定苗补苗。使全田疏密均匀，生长一致。

步骤二：加强追肥、浇水及中耕管理。

任务检测

链接 3-4

测试题

请扫码答题（链接 3-4）。

任务评价

班级：________ 组别：________ 姓名：________

表 3-7 油菜田间管理技术工作活动完成过程评价

项目	评分标准	自我评价	小组评价	教师评价
间苗、定苗（30 分）	留苗均匀（15 分）			
	操作步骤合理（15 分）			
追肥、浇水及中耕管理（30 分）	浇水适中、追肥合理（10 分）			
	记录细致，完整（10 分）			
	操作步骤合理（10 分）			
活动完成过程（30 分）	能够根据工作任务资料，分析并制订工作计划（5 分）			
	认真思考，积极动手，动脑（5 分）			
	积极参与小组合作与交流，配合默契，互帮互助（5 分）			
	通过小组讨论与再学习完成工作（5 分）			
	具有认真严谨的科学态度（10 分）			

（续表）

项目	评分标准	自我评价	小组评价	教师评价
活动效果（10分）	整体的效果（很好10分；较好7～9分；一般3～6分；较差0～2分）			
合计				
自我评价与总结				
教师点评				

任务四　油菜收获技术

任务导入

油菜适时收获是为了避免部分角果过度成熟、落粒，避免降低粒重和含油量；收获的方法不当也可造成油菜产量损失。经过精心的田间管理作业，油菜进入准备收获阶段，请选择适当的收获时间和收获方式进行采收。

任务工单

班级＿＿＿＿＿＿＿＿　姓名＿＿＿＿＿＿＿＿　学号＿＿＿＿＿＿＿＿

任务名称	油菜收获技术
任务描述	根据实际情况，填写本任务的内容、目的、流程和方法。 任务内容：＿＿＿＿＿＿＿＿＿＿＿＿＿＿＿＿＿＿＿＿。 任务目的：＿＿＿＿＿＿＿＿＿＿＿＿＿＿＿＿＿＿＿＿。 任务流程：＿＿＿＿＿＿＿＿＿＿＿＿＿＿＿＿＿＿＿＿。 任务方法：＿＿＿＿＿＿＿＿＿＿＿＿＿＿＿＿＿＿＿＿。

（续表）

<table>
<tr><td>任务名称</td><td colspan="4">油菜收获技术</td></tr>
<tr><td>获取信息</td><td colspan="4">要完成任务，需要掌握相关的知识。请收集资料，回答以下问题：
1. 收获时怎样才能做到颗粒归仓？
2. 油菜适宜收获期的标准是什么？
3. 油菜种子含水量多少才适宜储藏？</td></tr>
<tr><td>制订计划</td><td colspan="4">根据油菜收获技术任务，制订相应的工作计划。</td></tr>
<tr><td rowspan="6">任务实施</td><td colspan="4">按照预先制订的工作计划，完成本任务，并记录任务实施过程。</td></tr>
<tr><td>序号</td><td>完成的任务</td><td>遇到的问题</td><td>解决办法</td></tr>
<tr><td></td><td></td><td></td><td></td></tr>
<tr><td></td><td></td><td></td><td></td></tr>
<tr><td></td><td></td><td></td><td></td></tr>
<tr><td></td><td></td><td></td><td></td></tr>
</table>

任务准备

- **知识准备**

一、角果成熟期的生长发育

从终花到角果成熟这一段时间为角果成熟期。一般油菜终花后 15 d 角果长度基本长足，宽度则到第 21 d 才基本定型。角果成熟过程一般分为 3 个时期。

1. 绿熟期

仅主序角果为黄绿色，大多数分枝角果为绿色，种皮绿色，籽粒不饱满，大部分种子尚未充实，含油量低、品质差，含油量仅为成熟种子的 70% 左右。

2. 黄熟期

植株大部分叶片干枯脱落，主序角果呈黄色、分枝角果开始褪绿，转成黄绿色。种子已发育完全，充实饱满，千粒重和含油量均较高。此期当全田 70%～80% 植株“黄熟”时，是油菜收获的最适时期。

3. 完熟期

大多数角果由黄色转为白色，种子含水量为 30% 左右。由于种子呼吸作用消耗大，种子粒重和含油量均有下降。此期收获易裂角落粒，损失较大。

油菜角果成熟期无论冬、春油菜均为 1 个月左右的时间。这一时期的温度以 18～20℃为最适宜。25℃以上或 9℃以下，都会影响角果的正常发育，产生秕粒，甚至形成无效角果而脱落。此期充足的光照对油菜的产量和质量有着良好的作用。虽然这时油菜大部分叶片枯黄脱落，但数量众多的角果皮能进行光合作用。据测定，成熟种子内 40% 左右的储藏物质就是靠后期角果皮的光合作用积累的。

油菜角果成熟期要求适宜的水分和养分条件，这一时期吸收的矿质养分较少，故养分不宜太高，尤其氮肥不能太多。否则，贪青晚熟，对种子油分的积累不利，但磷素和其他微量元素的补充对产量提高有重要作用。此期土壤水分过多或天气阴湿多雨则延长成熟时间，且易遭病虫侵袭，秕粒增多，储藏物质向合成蛋白质方向进行，不利于油分积累。但土壤水分过少时，对角果种子的发育不利，同时也影响油分的积累。

• 工具准备

农具、试验田、记录本。

• 人员准备

人员及任务分工见表 3-8。

表 3-8　油菜收获技术任务分工

任务角色	任务内容
组长：	任务：组织小组讨论，确定工作内容，分配工作任务，全程监控任务推进
组员 1：	任务：参与讨论，通过查阅资料和田间监测，确定适宜收获期
组员 2：	任务：参与讨论，对油菜进行采收
组员 3：	任务：参与讨论，对油菜进行采收
组员 4：	任务：参与讨论，对油菜进行采收

任务筹划

油菜是无限花序，由上而下陆续开花结角。成熟早晚不一致。当油菜进入成熟期后，如果整片地里油菜荚果进入黄熟期（全田荚果大约有 80% 变黄时），就说明到了油菜的最佳采收期，这时候油菜采收的产量最高、菜籽含油量最多、收成效益最好。

1. 收获

油菜收获有两种方法：割收或拔收。割收比较省工，干燥快，脱粒时不会混入泥土；拔收用工多，干燥慢，易混入泥土，但有后熟作用，能增产。割收的具体操作是：用镰刀把油菜从齐泥处割下，根留入土中，割好后捆好，注意不要弄断茎枝，轻压轻捆搬回晒坪，晒干后脱粒。也可在割后直接放在田边晒后脱粒。

2. 脱粒

油菜干燥后进行脱粒，脱粒如在田间一般用拌桶，用脚踩，不时翻动，直到角果全部开裂，再把种子和壳去掉，过筛后再装袋。如果在晒坪脱粒，可用脚踩或棒打，也可用滚子压，不断翻动，直到全部籽粒落下，脱不下的可再放一两天再脱。脱后把秆子、壳疏掉，用筛子筛去杂质，立即晒一两天，用风车吹干净装袋储藏。

任务实施

步骤一：根据田间生长情况，确定收获时间（终花后 25～30 d。全田有 2/3 的角果呈黄绿色，全株仍有 1/3 角果显绿色时收获为宜）。

步骤二：根据试验田面积和油菜收获预估量，进行收割，收割后整理晾晒。

步骤三：根据收获量，干燥后进行脱粒，筛杂，称重后储藏。

步骤四：小组复盘整个项目流程，评估种粒质量和产量，进行总结。

任务检测

请扫码答题（链接 3-5）。

链接 3-5

测试题

任务评价

班级：__________　　组别：__________　　姓名：__________

表 3-9　油菜收获技术工作活动完成过程评价

项目	评分标准	自我评价	小组评价	教师评价
收获（30 分）	收获时间适宜（15 分）			
	操作步骤合理（15 分）			
脱粒（30 分）	操作步骤合理（10 分）			
	种粒质量良好，产量达标（20 分）			
活动完成过程（30 分）	能够根据工作任务资料，分析并制订工作计划（5 分）			
	认真思考，积极动手，动脑（5 分）			
	积极参与小组合作与交流，配合默契，互帮互助（5 分）			

（续表）

项目	评分标准	自我评价	小组评价	教师评价
活动完成过程（30分）	通过小组讨论与再学习完成工作（5分）			
	具有认真严谨的科学态度（10分）			
活动效果（10分）	整体的效果（很好10分；较好7～9分；一般3～6分；较差0～2分）			
合计				
自我评价与总结				
教师点评				

项目四 大豆栽培技术

项目导读

大豆［*Glycine max*（L.）Merr.］是豆科大豆属的一年生草本植物，原产于中国。在中国各地均有栽培。是我国传统的作物，属蝶形花科，大豆属。别名黄豆。我国许多古书上曾称大豆为菽，《诗经》中就有："中原有菽，庶民采之"的记录；西晋杜预对菽字注释："菽，大豆也"；秦汉以后就以豆字代替菽字。大豆具有很高的营养价值和经济价值，可制作各种美味可口的豆制品，也可用于榨油，并制成豆饼、豆粕等，而且还具有一定的药用价值。大豆含油率一般在17%～25%，是榨油的优质原料，豆油则是优质食用油。大豆和豆油除直接食用外，还可广泛用于食品工业和化学工业。大豆的副产品豆饼、豆粕是十分理想的饲料，脱脂的豆饼还可以用来造纸、作涂料、制造人造纤维和塑料等。

本项目主要介绍大豆播前准备、大豆播种技术、大豆田间管理技术与大豆收获技术相关的知识和技能。

通过本项目的学习，使学生掌握大豆高产、优质、高效栽培理论，掌握大豆播前准备、播种、田间管理技术。

学习目标

（一）知识目标

（1）能熟练掌握大豆的形态特征。

（2）掌握大豆生长发育的规律。

（3）掌握大豆播种的技术要领。

（4）掌握大豆田间管理的技术要领。

（5）掌握大豆常发生的病虫害及防治技术。

（6）掌握大豆不同时期的苗情特征及诊断标准。

（二）技能目标

（1）掌握大豆生产的技术，能设计、制订大豆丰产栽培方案。

（2）能根据大豆的长势，正确判断苗情，并分析其原因。

（3）能根据生产实际情况，指导大豆的播种工作，提高播种质量。

（三）发展目标

（1）创新栽培技术，在传统大豆栽培技术的基础上，加大科技创新和研发力度，引进新技术、新设备和新方法，提高大豆栽培的自动化、智能化水平。

（2）积极研究推广节水灌溉、精准施肥等高效农业技术，降低生产成本，提高生产效益。

（3）加强大豆栽培技术的培训和普及工作，培养掌握大豆栽培新技术、新方法的新型农民，提高其种植技能和水平。

（四）思政目标

（1）培养科学严谨的态度和优良的职业道德，认真踏实的工作作风，吃苦耐劳的精神。

（2）对科学方法论有进一步的认识，通过观察现象，增强分析事物本质及其规律的科学观认识。

（3）培养良好的劳动纪律观念。

（4）培养团队协作精神。

（5）培养学农爱农的良好心态。

链接 1-1

《农业气象观测规范 大豆》（GB/T 34808—2017）

任务一 大豆播前准备

任务导入

大豆作为全球重要的农作物之一，不仅为人类提供了丰富的营养，还在农业生产中扮演着举足轻重的角色，大豆在中国是重要的粮食作物之一。为提高大豆产量、品质和经济效益，实现农业的可持续发展，播前准备是大豆栽培的首要任务目标和关键环节。大豆忌重茬，在合理调节茬口的基础上，根据当地自然条件和栽培条件选择适宜的品种，完成播前准备。

任务工单

班级 ________ 姓名 ________ 学号 ________

<table>
<tr><td>任务名称</td><td colspan="4">大豆播前准备</td></tr>
<tr><td>任务描述</td><td colspan="4">根据实际情况，填写本任务的内容、目的、流程和方法。
任务内容：________________
________________。
任务目的：________________
________________。
任务流程：________________
________________。
任务方法：________________
________________。</td></tr>
<tr><td>获取信息</td><td colspan="4">要完成任务，需要掌握相关的知识。请收集资料，回答以下问题：
1. 大豆根瘤菌的形成和作用是什么？
2. 大豆根瘤菌的固氮特点是什么？
3. 现代证明，大豆起源于我国何地？
4. 青海常见的大豆品种有哪些？
5. 大豆有什么生物学特性？</td></tr>
<tr><td>制订计划</td><td colspan="4">根据大豆播前准备任务，制订相应的工作计划。</td></tr>
<tr><td rowspan="6">任务实施</td><td colspan="4">按照预先制订的工作计划，完成本任务，并记录任务实施过程。</td></tr>
<tr><td>序号</td><td>完成的任务</td><td>遇到的问题</td><td>解决办法</td></tr>
<tr><td></td><td></td><td></td><td></td></tr>
<tr><td></td><td></td><td></td><td></td></tr>
<tr><td></td><td></td><td></td><td></td></tr>
<tr><td></td><td></td><td></td><td></td></tr>
</table>

任务准备

• 知识准备

大豆的形态特征

（一）根和根瘤

1. 根

大豆根系由主根、支根、根毛组成。初生根由胚根发育而成，并进一步发育成主根。支根在发芽后 3～7 d 出现，根的生长一直延续到地上部分不再增长为止。在耕层深厚的土壤条件下，大豆根系发达，根量的 80% 集中在 5～20 cm 土层，主根在地表下 10 cm 以内比较粗壮，越向下越细，几乎与支根很难分辨，入土深度可达 60～80 cm。支根是从主根中柱鞘分生出来的。一次支根先向四周水平伸展，远达 30～40 cm，然后向下垂直生长。一次支根再分生二三次支根。根毛是幼根表皮细胞外壁向外突出而形成的。根毛寿命短暂，大约几天更新一次。根毛密生使根具有巨大的吸收表面（一株约 100 m^2）。

2. 根瘤

在大豆根生长过程中，土壤中原有的根瘤菌沿根毛或表皮细胞侵入，在被侵入的细胞内形成感染线，根瘤菌进入感染线中，感染线逐渐伸长，直达内皮层，根瘤菌也随之进入内皮层。在内皮层根瘤菌的后产物诱发细胞进行分裂，形成根瘤的原基。大约在侵入后 1 周，根瘤向表皮方向隆起，侵入后 2 周左右，皮层的最外层形成了根瘤的表皮，皮层的第 2 层成为根瘤的形成层，接着根瘤的周皮、厚壁组织层及维管束也相继分化出来。根瘤菌在根瘤中变成类菌体。根瘤细胞内形成豆血红蛋白，根瘤内部呈红色，此时根瘤开始具固氮能力。

3. 固氮

类菌体具有固氮酶。固氮过程的第 1 步是由钼铁蛋白及铁蛋白组成的固氮酶系统吸收分子氮。氮（N_2）被吸收后，两个氮原子之间的三价键被破坏，然后被氢化合成 NH_3。NH_3 与 α- 酮戊二酸结合成谷氨酸，并以这种形态参与代谢过程。大豆植株与根瘤菌之间是共生关系。大豆供给根瘤糖类，根瘤菌供给寄主氨基酸。有人估计，大豆光合产物的 12% 左右被根瘤菌所消耗。对于大豆根瘤固氮数量的估计差异很大。张宏等根据结瘤、不结瘤等位基因系的比较，用 ^{15}N 同位素等手段测得，一季大豆根瘤菌共生固氮数量为 96.75 kg/hm^2。这一数量为一季大豆需氮量的 59.64%。一般来说，根瘤菌所固定的氮可供大豆一生需氮量的 1/2～3/4。这说明，共生固氮是大豆的重要氮源，然而单靠根瘤菌固氮不能满足其需要。据研究，当幼苗出现第 1 对真叶时，已可能结根瘤，2 周以后开始固氮。植物生长早期固氮较少，自开花后迅速增长，开花至籽粒形成阶段固氮最多，约占总固氮量的 80%，在接近成熟时固氮量下降。关于有效固氮作用能维持多久，目前尚无定论。大豆鼓粒期以后，大量养分向繁殖器官输送，因而使根瘤菌的活动受到抑制。

（二）茎

大豆的茎包括主茎和分枝。茎发源于种子中的胚轴。下胚轴末端与极小的根原始体相连；上胚轴很短，带有两片胚芽、第 1 片三出复叶原基和茎尖。在营养生长期间，茎尖形成叶原始体和腋芽，一些腋芽后来长成主茎上的第 1 级分枝。第 2 级分枝比较少见。大豆栽培品种有明显的主茎。主茎高度在 50～100 cm，矮者只有 30 ㎝，高者可达 150 cm。茎粗变化较大，直径在 6～15 mm。主茎一般有 12～20 节，但有的晚熟品种多达 30 节，有的早熟品种仅有 8～9 节。

大豆幼茎有绿色和紫色两种。绿茎开白花，紫茎开紫花。茎上生茸毛，灰白色或棕色，茸毛多少和长短因品种而异。

大豆茎的形态特点与产量高低有很大的关系。据吉林省农业科学院研究，株高与产量的相关系数 r=0.830 4，茎粗与产量的相关系数 r=0.516 1。对亚有限品种来说，株高与茎粗的比值在 80～120 产量稳定。主茎节数与产量相关也颇显著。有资料表明，单株平均节间长度达 5 cm，是倒伏的临界长度。

按主茎生长形态，大豆可分为蔓生型、半直立型、直立型。栽培品种均属于直立型。大豆主茎基部节的腋芽常分化为分枝，多者可达 10 个以上，少者 1～2 个或不分枝。分枝与主茎所成角度的大小、分枝的多少及强弱决定着大豆栽培品种的株型，按分枝与主茎所成角度大小，可分为张开、半张开和收敛 3 种类型。按分枝的多少、强弱，又可将株型分为主茎型、中间型、分枝型 3 种。

（三）叶

大豆叶有子叶、单叶、复叶之分。子叶（豆瓣）出土后，展开，经阳光照射即出现叶绿素，可进行光合作用。在出苗后 10～15 d 内，子叶所储藏的营养物质和自身的光合产物对幼苗的生长是很重要的。子叶展开后约 3 d，随着上胚轴伸长，第 2 节上先出现 2 片单叶，第 3 节上出生一片三出复叶。

大豆复叶由托叶、叶柄和小叶 3 部分组成。托叶一对，小而狭，位于叶柄和茎相连处两侧，有保护腋芽的作用。大豆植株不同节位上的叶柄长度不等，这对于复叶镶嵌和合理利用光能有利。大豆复叶的各个小叶以及幼嫩的叶柄能够随日照而转向。大豆小叶的形状、大小因品种而异。叶形可分为椭圆形、卵圆形、披针形和心脏形等。有的品种的叶片形状、大小不一，属变叶形。叶片寿命 30～70 d，下部叶变黄脱落较早，寿命最短；上部叶寿命也比较短，因出现晚却又随植株成熟而枯死；中部叶寿命最长。

除前面提及的子叶、复叶外，在分枝基部两侧和花序基部两侧各有一对极小的尖叶，称为前叶，已失去叶的功能。

（四）花和花序

大豆的花序着生在叶腋间或茎顶端，为总状花序。一个花序上的花朵通常是簇生的，俗称花簇。每朵花由苞片、花萼、花冠、雄蕊和雌蕊构成。苞片有两个，很小，呈管形。苞片上有茸毛，有保护花芽的作用。花萼位于苞片的上方，下部联合呈杯状，上部开裂为5片，绿色，着生茸毛。花冠为蝴蝶形，位于花萼内部，由5个花瓣组成。5个花瓣中上面一个大的叫旗瓣，旗瓣两侧有两个形状和大小相同的翼瓣；最下面的两瓣基部相连，弯曲，形似小舟，叫龙骨瓣。花冠的颜色分为白色、紫色两种。雄蕊共10枚，其中9枚的花丝相连呈管状，1枚分离，花药着生在花丝的顶端，开花时，花丝伸长向前弯曲，花药裂开，花粉散出。一朵花的花粉约有5 000粒。雌蕊包括柱头、花柱和子房3部分。柱头为球形，在花柱顶端，花柱下方为子房，内含胚珠1～4个，个别的有5个，以2～3个居多。

大豆是自花授粉作物，花朵开放前即完成授粉，天然杂交率不到1%。花序的主轴称花轴。大豆花轴的长短、花轴上花朵的多少因品种而异，也受气候和栽培条件的影响。花轴短者不足3 cm，长者在10 cm以上。现有品种中花序有的长达30 cm。

（五）荚和种子

大豆荚由子房发育而成。荚的表皮被茸毛，个别品种无茸毛。荚色有黄色、灰褐色、褐色、深褐色以及黑色等色。豆荚形状分直形、弯镰形和弯曲程度不同的中间形。有的品种在成熟时沿荚果的背腹缝自行开裂（炸裂）。

大豆荚粒数各品种有一定的稳定性。栽培品种每荚多含2～3粒种子。荚粒数与叶形有一定的相关性。有的披针形叶品种，4粒荚的比例很大，也有少数5粒荚；卵圆形叶、长卵圆形叶品种以2～3粒荚为多。

成熟的豆荚中常有发育不全的籽粒，或者只有一个小薄片，通称秕粒。秕粒率常在15%～40%。秕粒发生的原因是，受精后结合子未得到足够的营养。一般先受精的先发育，粒饱满；后受精的后发育，常成秕粒。在同一个荚内，先豆由于先受精，养分供应好于中豆、基豆，故先豆饱满，而基豆则常常瘦秕。开花结荚期间，阴雨连绵，天气干旱均会造成秕粒。鼓粒期间改善水分、养分和光照条件有助于克服秕粒。

种子形状可分为圆形、卵圆形、长卵圆形、扁圆形等。种子大小通常以百粒重表示。百粒重5 g以下为极小粒种，5～9.9 g为小粒种，10～14.9 g为中小粒种，15～19.9 g为中粒种，20～24.9 g为中大粒种，25～29.9 g为大粒种，30 g以上为特大粒种。籽粒大小与品种和环境条件有关。东北大豆引到新疆种植，其百粒重可增加2 g左右。种皮颜色与种皮栅栏组织细胞所含色素有关，可分为黄色、青色、褐色、黑色及双色5种，以黄色居多。种脐是种子脱离珠柄后在种皮上留下的疤痕。在种脐靠近下胚轴的一端有珠孔，当发芽时，胚根由此出生；另一端是合点，是珠柄维管束与种脉连接处的痕迹。脐色的变化可由无色、淡褐色、褐色、深褐色到黑色。圆粒、种皮金黄色、有光泽、脐无色或淡褐色的大豆最受市场欢迎，但脐色与含油量无关。

种皮共分3层：表皮、下表皮和内薄壁细胞层。由于角质化的栅栏细胞实际上是不透空气的，种脐区（脐间裂缝和珠孔）成为胚和外界之间空气交换的主要通道。胚由两片子叶、胚芽和胚轴组成。子叶肥厚，富含蛋白质和油分，是幼苗生长初期的养分来源。胚芽具有一对已发育成的初生单叶。胚芽的下部为胚轴。胚轴末端为胚根。有的大豆品种种皮不健全，有裂缝，甚至裂成网状，致使种子部分外露。气候干旱或成熟后期遇雨也常造成种皮破裂。有的籽粒不易吸水膨胀，变成“硬粒”，是由于种皮栅栏组织外面的透明带含有蜡质或栅栏组织细胞壁硬化。土壤中钙质多，种子成熟期间天气干燥往往使硬粒增多。

- **工具准备**

农具、试验田、记录本。

- **材料准备**

肥料、大豆种子。

- **人员准备**

人员及任务分工见表 4-1。

表 4-1　大豆播前准备任务分工

任务角色	任务内容
组长：	任务：组织小组讨论，确定工作内容，分配工作任务，全程监控任务推进
组员 1：	任务：参与讨论，调查整理当前青海本地大豆生产中的优良品种及其特性，通过讨论，确定栽培品种
组员 2：	任务：参与讨论，查询相关资料，确定选种、晒种方法
组员 3：	任务：参与讨论，对试验田进行考察，选择最适播种区域，清理田间杂草，深翻土壤
组员 4：	任务：参与讨论，咨询专业人员、查询相关资料，走访企业、市场调研等方式，结合土壤的养分含量，制订施肥方案，科学补肥

任务筹划

一、土壤选择

（一）生产地选择

结合大豆生长特性合理选择生产地，选择土壤深厚、疏松透气、有机质丰富、排灌方便、pH 值 6.5～7.5 的地块，远离污染源。做好水源、土壤及环境的检测工作，确保符合优质无公害大豆栽培技术生产要求。

（二）播前整地

选定大豆播种地块后，结合实际情况确定整地方法，目前常用的整地方法有平翻、垄作、耙茬、深松等。通过科学整地，增加土层通透性和蓄水、保肥能力。

（三）播前灌溉

大豆播种及生长期对土壤墒情有一定的要求，在播种大豆时若土壤墒情较差，建议灌溉 1 次，一般在播种前 2 d 灌溉 1 次即可，将土壤浸湿，满足大豆种子发芽对水分的需求，保证大豆出苗率。

（四）施足底肥

前茬作物收获后，应当及时灭茬，并将杂草清理干净。播种时可施加充足的大豆专用复合肥。

（五）播前除草

在大豆播种前用喷雾器在地表喷施氟乐灵、拉索等除草剂，减轻杂草对大豆幼苗的为害。

二、种子准备

（一）选用良种

为保证大豆产量，农户应遵循因地制宜的原则，结合当地气候、用途、需求等多方面因素，优先选择高产、稳产、优质、抗逆性强、适应性广、增产潜力大的品种。

（二）精选种子

播前要做好种子筛选工作，剔除其中的病粒、虫蛀粒、小粒、秕粒、破瓣粒以及混杂的异品种种子，留下饱满、高品质、高纯度种子备用。

（三）播前晒种

播前选择晴天晾晒大豆种子 6 h，晒种时应在地面上铺设纱布，然后再晾晒，防止种子灼伤，要避开中午高温时段，以 8：00—10：00 和 15：00—17：00 晾晒为宜，避免种子被高温灼伤。

（四）种子处理

为避免大豆苗期病虫害的发生，播前使用根瘤菌、微肥拌种，可提高出苗率和抗病性。

任务实施

步骤一：调查当前青海本地大豆生产中的 5 个优良品种及其特征特性，对调查结果进行整理，小组内讨论，从中选择适宜的栽培品种（表 4-2）。

表 4–2 青海本地大豆生产中的 5 个优良品种及其特征特性

品种名称	特征特性	备注

步骤二：根据所选择的大豆栽培品种特性，制订方案，选择合适的方式，对大豆种子进行处理，详细记录处理实情。

步骤三：对试验田进行考察，选择最适播种区域，清理田间杂草，深翻土壤，记录整地实情。

步骤四：通过测土配方施肥技术，结合土壤的养分含量，科学补肥，记录补肥实情。

步骤五：小组成员，讨论过程中出现的问题，对任务进行总结评价，整理试验记录，与查阅资料形成对比。

任务检测

链接 4–2

测试题

请扫码答题（链接 4–2）。

任务评价

班级：________ 组别：________ 姓名：________

表 4–3 大豆播前准备工作活动完成过程评价

项目	评分标准	自我评价	小组评价	教师评价
选地、整地（20 分）	土壤通透（10）			
	操作步骤合理（10 分）			
施用底肥（20 分）	水肥适中（（10 分）			
	操作步骤合理（10 分）			
种子处理（20 分）	无杂质、杂种（7 分）			
	杀菌药剂使用科学、合理，包衣均匀（5 分）			
	种子处理步骤合理（8 分）			

（续表）

<table>
<tr><th>项目</th><th>评分标准</th><th>自我评价</th><th>小组评价</th><th>教师评价</th></tr>
<tr><td rowspan="5">活动完成过程（30 分）</td><td>能够根据工作任务资料，分析并制订工作计划（5 分）</td><td></td><td></td><td></td></tr>
<tr><td>认真思考，积极动手，动脑（5 分）</td><td></td><td></td><td></td></tr>
<tr><td>积极参与小组合作与交流，配合默契，互帮互助（5 分）</td><td></td><td></td><td></td></tr>
<tr><td>通过小组讨论与再学习完成工作（5 分）</td><td></td><td></td><td></td></tr>
<tr><td>具有认真严谨的科学态度（10 分）</td><td></td><td></td><td></td></tr>
<tr><td>活动效果（10 分）</td><td>整体的效果（很好 10 分；较好 7～9 分；一般 3～6 分；较差 0～2 分）</td><td></td><td></td><td></td></tr>
<tr><td colspan="2">合计</td><td></td><td></td><td></td></tr>
<tr><td>自我评价与总结</td><td colspan="4"></td></tr>
<tr><td>教师点评</td><td colspan="4"></td></tr>
</table>

任务二　大豆播种技术

任务导入

大豆播种是大豆生产关键的技术过程，直接影响大豆的产量和品质。不同的播种方法适用于不同的土壤和气候条件，以及不同的品种和种植密度。选择适合的播种方法能够提高大豆的出苗率和产量，播种深度对种子的发芽和生长有重要影响，还应根据土壤肥力、气候条件、品种特性等因素综合考虑播种密度。目前大豆整地和种子的播前处理已完成，现进行播种方法、播种深度和播种密度的设计，完成大豆播种。

任务工单

班级＿＿＿＿＿＿　姓名＿＿＿＿＿＿　学号＿＿＿＿＿＿

任务名称	大豆播种技术
任务描述	根据实际情况，填写本任务的内容、目的、流程和方法。 任务内容：＿＿＿＿＿＿＿＿＿＿＿＿＿＿＿＿＿＿。 任务目的：＿＿＿＿＿＿＿＿＿＿＿＿＿＿＿＿＿＿。 任务流程：＿＿＿＿＿＿＿＿＿＿＿＿＿＿＿＿＿＿。 任务方法：＿＿＿＿＿＿＿＿＿＿＿＿＿＿＿＿＿＿。
获取信息	要完成任务，需要掌握相关的知识。请收集资料，回答以下问题： 1. 夏大豆生育特点是什么？夏大豆“三早一密”栽培技术要点是什么？ 2. 大豆合理密植原则是什么？ 3. 大豆籽粒品质与播种期的关系是什么？ 4. 大豆一般的播种深度是什么？ 5. 大豆播种方法有哪些？
制订计划	根据大豆播种技术任务，制订相应的工作计划。
任务实施	按照预先制订的工作计划，完成本任务，并记录任务实施过程。

序号	完成的任务	遇到的问题	解决办法

任务准备

• 知识准备

一、大豆的栽培类型

大豆种皮颜色有黄色、青（绿）色、黑色、褐色及双色等。子叶有黄色和绿色之分。粒形有圆形、椭圆形、长椭圆形、扁椭圆形、肾形等。成熟荚的颜色有极淡的褐色至黑色。茸毛有灰色、棕黄色两种，少数荚皮是无色的。大豆籽粒按大小可分为 7 级。

若以播种期进行分类，我国大豆可分为春大豆型、黄淮海夏大豆型、南方夏大豆型和秋大豆型。

（一）春大豆型

北方春大豆型于 4 月至 5 月播种，约 9 月成熟，黄淮海春大豆型在 4 月下旬至 5 月初播种，8 月末至 9 月初成熟；长江春大豆型在 3 月底至 4 月初播种，7 月间成熟；南方春大豆型在 2 月至 3 月上旬播种，多于 6 月中旬成熟。春大豆短日照性较弱。

（二）黄淮海夏大豆型

于麦收后 6 月间播种，9 月至 10 月初成熟。短日照性中等。

（三）南方夏大豆型

一般在 5 月至 6 月初麦收或其他冬播作物收获后播种，9 月底至 10 月成熟。短日照性强。

（四）秋大豆型

7 月底至 8 月初播种，11 月上、中旬成熟。短日照极强。

二、大豆的生长发育

大豆的生育期通常是指从出苗到成熟所经历的天数。大豆的一生指的是从种子萌发开始，经历出苗、幼苗生长、花芽分化、开花结荚、鼓粒，直至新种子成熟的全过程。

（一）种子的萌发和出苗

大豆种子在土壤水分和通风条件适宜，播种层温度稳定在 10℃时，种子即可发芽。大豆种子发芽需要吸收相当于本身重量 120%～140% 的水分，种子发芽时，胚高度接近成株高度前根先伸入土中，子叶出土之前，幼茎顶端生长锥已形成 3～4 个复叶、节和节间的原始体，随着下胚轴伸长，子叶带着幼芽拱出地面。子叶出土即为出苗。

（二）幼苗生长

子叶出土展开后，幼茎继续伸长，经过 4～5 d，一对原始真叶展开，这时幼苗已具有两个节，并形成了第 1 个节间。

从原始真叶展开到第 1 复叶展平大约需 10 d。此后，每隔 3～4 d 出现 1 片复叶，腋芽也跟着分化。主茎下部节位的腋芽多为枝芽，条件适合即形成分枝。中、上部腋芽一般都是花芽，长成花簇。出苗到分枝出现，叫作幼苗期。幼苗期根系比地上部分生长快。

（三）花芽分化

大豆花芽分化的迟早，因品种而异。早熟品种较早，晚熟品种较迟；无限性品种较早，有限性品种较迟。大豆花芽分化可分花芽原基形成期、花萼分化期、花瓣分化期、雄蕊分化期、雌蕊分化期以及胚珠花药、柱头形成期。最初，出现半球状花芽原始体，接着在原始体的前面发生萼片，继而在两旁和后面也出现萼片，形成萼筒。花萼原基出现是大豆植株由营养生长进入生殖生长的形态学标志。然后，相继分化出极小的龙骨瓣、翼瓣、旗瓣原始体。跟着雄蕊原始体呈环状顺次分化，同时心皮也开始分化。在 10 枚雄蕊中央，雌蕊分化，胚珠原始体出现，花药原始体也同时分化。花器官逐渐长大，形成花蕾。随后，雄蕊、雌蕊的生殖细胞连续分裂，花粉及胚囊形成。最后，花开放。

从花芽开始分化到花开放，称为花芽分化期，一般为 25～30 d。因此，在开花前一个月内环境条件的好坏与花芽分化的多少及正常与否有密切的关系。从这时起，营养生长和生殖生长并进，根系发育旺盛，茎叶生长加快，花芽相继分化。花朵陆续开放。

（四）开花结荚

从大豆花蕾膨大到花朵开放需 3～4 d。每天开花时刻，一般从 6：00 开始开花。8：00—10：00 最盛，下午开花甚少。在同一地点，开花时刻又因气候情况而错前错后。

花朵开放前，雄蕊的花药已裂开，花粉粒在柱头上发芽。花粉管在向花柱组织内部伸长的过程中，雄核一分为二，变成两个精核，从授粉到双受精只需 8～10 h。授粉后约 1 d，受精卵开始分裂。最初二次分裂形成的上位细胞将来发育成胚，下位细胞发育成胚根原和胚柄。受精后第 1 周左右胚乳细胞开始分化，接着，子叶分化。第 2 周，子叶继续生长，胚轴、胚根开始发育，胚乳开始被吸收，2 片初生叶原基分化形成。第 3 周，种子内部为子叶所充满，胚乳只剩下一层糊粉层、2～3 层胚乳细胞层。子叶的细胞内出现线粒体、脂质颗粒、蛋白质颗粒。第 4 周，子叶长到最大，此后，复叶叶原基分化形成。

花冠在花粉粒发育后开放，约两天后凋萎。随后，子房逐渐膨大，幼荚形成（拉板）开始。头几天，荚发育缓慢，从第 5 天起迅速伸长，大约经过 10 d，长度达到最大值。荚达到最大宽度和厚度的时间较迟。嫩荚长度日增长约 4 mm，最多达 8 mm。

从始花到终花为开花期。有限性品种单株自始花到终花约 20 d；无限性品种花期长达 30～40 d 或更长。从幼荚出现到拉板（形容豆荚伸长、加宽的过程）完成为结荚期。由于大豆开花和结荚是交错的，所以又将这两个时期称开花结荚期。在这个时期内，营养器官和生殖器官之间对光合产物竞争比较激烈，无限性品种尤其如此。开花结荚期是大豆一生中需要养分、水分最多的时期。

（五）鼓粒成熟

大豆从开花结荚到鼓粒阶段，无明显的界限。在田间调查记录时，把豆荚中籽粒显著突起的植株达到 1/2 以上的日期称为鼓粒期。在荚皮发育的同时，其中种皮已形成；荚皮近长成后，豆粒才鼓起。种子的干物质积累，大约在开花后一周内增加缓慢，以后的一周增加很快，大部分干物质是在这以后的约 3 个星期内积累的。每粒种子平均每天可增重 6～7 mg，多者达 8 mg 以上。荚的重量大约在第 7 周达到最大值。当种子变圆，完全变硬，最终呈现本品种的固有形状和色泽，即为成熟。

- **工具准备**

农具、试验田、记录本。

- **材料准备**

肥料。

- **人员准备**

人员及任务分工见表 4-4。

表 4-4　大豆播种技术任务分工

任务角色	任务内容
组长：	任务：组织小组讨论，确定工作内容，分配工作任务，全程监控任务推进
组员 1：	任务：参与讨论，查询相关资料，结合当地的气候条件和品种的特性，确定播种时间
组员 2：	任务：参与讨论，查询相关资料，咨询专业人士，对试验田进行墒情评估
组员 3：	任务：参与讨论，查询相关资料，咨询专业人士，根据试验田面积，计算播种量，记录数据
组员 4：	任务：参与讨论，筛选合格种子，制订播种方案，进行播种。

任务筹划

1. 适期播种

大豆在适播期内越早播种越好，具体要结合当地的天气、土壤、人力等实际情况灵活调整播期。

2. 足墒播种

墒情是影响出苗率的重要因素，只有做到足墒播种，方可达到理想的出苗率。一般情况下，大豆播种时要求土壤含水量维持在 70%～80%。

3. 播种深度

播种深度是否适宜，会对大豆出苗率产生影响，因此要提高播种深度管控意识，结合土壤状况灵活调控深度。一般情况下，大豆播种深度以 3～5 cm 为宜，黏土地稍浅，沙土地稍深，进而保证夏大豆的出苗率及成活率。

4. 合理密植

实际播种作业时，应当遵循“肥地宜稀，瘦地宜密”的原则，一般情况下，大豆播种量为 4～6 kg/ 亩，中小粒品种用量 4 kg/ 亩，大粒品种用量 6 kg/ 亩。实行等行距播种时，行距为 40 cm，实行宽窄行播种时，宽行为 45 cm、窄行为 25 cm。玉米大豆条带 4 : 4 播种时，常采用 4 行大豆和 4 行玉米间套种植。

任务实施

步骤一：结合当地的气候条件和品种的特性，确定播种时间。

步骤二：在播种前应浇水造墒，翻耕种地，保证播种时的土壤墒情良好，记录实情。

步骤三：根据试验田面积，计算播种量，记录数据。

步骤四：播种。

步骤五：小组成员，讨论过程中出现的问题，对任务进行总结评价，整理试验记录，与查阅资料形成对比。

任务检测

链接 4-3

请扫码答题（链接 4-3）。

测试题

任务评价

班级：__________ 组别：__________ 姓名：__________

表 4–5 大豆播种技术工作活动完成过程评价

项目	评分标准	自我评价	小组评价	教师评价
种子播撒（30 分）	播撒均匀（15 分）			
	操作步骤合理（15 分）			
播种时间、播种量（30 分）	时间适宜，计算准确（15 分）			
	操作步骤合理（15 分）			

（续表）

项目	评分标准	自我评价	小组评价	教师评价
活动完成过程（30分）	能够根据工作任务资料，分析并制订工作计划（5分）			
	认真思考，积极动手，动脑（5分）			
	积极参与小组合作与交流，配合默契，互帮互助（5分）			
	通过小组讨论与再学习完成工作（5分）			
	具有认真严谨的科学态度（10分）			
活动效果（10分）	整体的效果（很好10分；较好7～9分；一般3～6分；较差0～2分）			
合计				
自我评价与总结				
教师点评				

知识拓展

链接 4-4

《大豆原种生产技术操作规程》（GB/T 17318—2011）

任务三　大豆田间管理技术

任务导入

大豆移栽成活后或直播定苗后，要进行中耕、除草和追肥，冬前要进行2～3次。中耕、除草和追肥可创造良好的土壤环境条件促进根系生长，起到壮根壮苗的作用。通过这次劳动，要求掌握中耕、除草和追肥等技术。对已播种完成的试验田，进行动态监测，实时管理。

任务工单

班级________________ 姓名________________ 学号________________

<table>
<tr><td>任务名称</td><td colspan="4">大豆田间管理技术</td></tr>
<tr><td>任务描述</td><td colspan="4">根据实际情况，填写本任务的内容、目的、流程和方法。
任务内容：____
____。
任务目的：____
____。
任务流程：____
____。
任务方法：____
____。</td></tr>
<tr><td>获取信息</td><td colspan="4">要完成任务，需要掌握相关的知识。请收集资料，回答以下问题：
1. 大豆耗水关键期是什么？

2. 大豆产量构成因素是什么？ 4 个产量构成因素与产量的关系是什么？

3. 大豆对光照和温度的需求是什么？

4. 大豆籽粒品质与气候的关系是什么？</td></tr>
<tr><td>制订计划</td><td colspan="4">根据大豆田间管理技术任务，制订相应的工作计划。</td></tr>
<tr><td rowspan="6">任务实施</td><td colspan="4">按照预先制订的工作计划，完成本任务，并记录任务实施过程。</td></tr>
<tr><td>序号</td><td>完成的任务</td><td>遇到的问题</td><td>解决办法</td></tr>
<tr><td></td><td></td><td></td><td></td></tr>
<tr><td></td><td></td><td></td><td></td></tr>
<tr><td></td><td></td><td></td><td></td></tr>
<tr><td></td><td></td><td></td><td></td></tr>
</table>

任务准备

• 知识准备

一、大豆生育期和生育时期

（一）我国大豆的生育时期划分

大豆品种的生育期是指从出苗到成熟所经历的天数。而大豆的生育时期是指大豆一生中其外部形态特征出现显著变化的若干时期，在我国一般划分为 6 个生育时期：播种期、出苗期、开花期、结荚期、鼓粒期、成熟期。

（二）国际上比较通用的大豆生育时期划分

关于大豆生育时期，国际上比较通用的是费尔（Water R. Fehr）等的划分方法，这种方法根据大豆的植株形态表现记录生育时期。

费尔等将大豆的一生分为营养生长时期和生殖生长时期。在营养生长阶段，VE——出苗期，即子叶露出土面；VC——子叶期，真叶叶片未展开，但叶缘已分离；V1——真叶全展期；V2——第 1 复叶展开期；……Vn——第 n-1 个复叶展开期。

在生殖生长阶段，R1——开花始期，主茎任一节上开一朵花；R2——开花盛期；R3——结荚始期，主茎上最上部 4 个全展复叶节中任一节上一个荚长 5 mm；R4——结荚盛期；R5——鼓粒始期，主茎上最上部 4 个全展复叶节中任一节上一个荚中的籽实长达 3 mm；R6——鼓粒盛期；R7——成熟始期，主茎上有一个荚达到成熟颜色；R8——成熟期，全株 95% 的荚达到成熟颜色，在干燥天气下，在 R9 时期后 5～10 d 籽粒含水量可降至 15% 以下。

二、大豆的田间管理

（一）水分管理

1. 大豆的需水特点

大豆的整个生育过程需水较多，各个生育时期的耗水量差异很大，播种到出苗大约占总耗水量的 5%。这一时期，如水分不足或中途落干，种子在土壤中很容易丧失能力，即使勉强发芽出苗也难以达到苗全苗壮。出苗到分枝约占总耗水量的 13%，这时正值大豆蹲苗扎根，若土壤水分过多，根不下扎，茎节细长，中后期易倒伏。这一时期除非特殊干旱，一般不宜灌水。相反，应适当控制水分，促进根系深扎，增强抗倒伏能力。分枝至开花，约占总耗水量的 17%，此期主茎变粗伸长，复叶不断出现，分枝相继产生，根系向纵深发展。与此同时花芽也陆续分化，进入营养生长和生殖生长并进阶段。这一时期大豆对水分的要求开始增加，及时灌水对大豆生长发育均有促进作用。开花至鼓粒阶段，大豆需水最多，约占总耗水量的 45%，是大豆需水的关键时期，蒸腾作用强度在这个时期达到高峰，干物质也直线上升。因此这个时期及时而充分地供给水分，是大豆高产的重要措施。大豆鼓粒至完熟，耗水量约占 20%，这一时期若干旱缺水，则秕粒、秕荚增多，而粒重下降。在大豆鼓粒时期，东北大豆主产区一般降水较少，往往造成秋吊，这时如能灌鼓粒水，以水攻粒，对提高大豆产量和品质有明显促进作用。

2. 合理灌水原则

根据大豆整个生育过程需水特点，结合苗情、墒情、雨情等具体情况，采取相应措施进行合理灌水，才能收到良好灌水效果。

（1）根据大豆长相灌水。大豆植株生长缓慢，叶片老绿，上午叶子有萎蔫现象即为大豆缺水表现，应及时灌溉。绝不可等到大豆植株叶片萎蔫后，土壤湿度降到萎蔫系数才进行灌水，须掌握时机及时灌水。

（2）根据土壤墒情灌水。土壤含水量是否适宜是正确确定灌水与否的可靠依据。在一般土壤条件下，大豆各生育阶段土壤适宜含水量的趋势是：幼苗期 20% 左右，分枝期 23% 左右，开花结荚期 30% 左右，鼓粒期 25%～30%。当测定土壤含水量在适宜含水量的下限时，大豆有受害的可能，宜进行灌水。

（3）根据当天天气情况灌水。要做到天晴无雨速灌，将要下雨不灌，晴雨不定早灌，气温高、空气湿度低、蒸发量大、土壤水分不足应及时灌水，即使土壤水分还勉强够用，但由于空气干旱也应及时进行灌水。

3. 合理灌水的方法

（1）沟灌。适用于垄作地区，水从垄沟里渗到土壤中去，不接触垄上表土，可以防止板结，有利于改善大豆的水、气、热条件。

（2）畦灌。适用于窄行平播大豆。优点是灌水快，省水，灌水量容易控制，不致造成土壤冲刷及肥料流失。但畦灌要求土地平坦，土地不平时，灌水不均匀，灌水后地表土壤易板结。

（3）喷灌。喷灌机进行人工降雨，可以不受地形限制，减少渠道设置，充分利用土地。

（二）养分管理

1. 需肥规律

大豆是需肥较多的作物，需氮量比同产量水平的禾谷类作物多 4～5 倍，对氮、磷、钾 3 要素的吸收一直持续到成熟期。长期以来对大豆是否需要氮肥存在着某些误解，似乎大豆依靠根瘤菌固氮即可满足其对氮素的需要。这种理解是不对的，从大豆的总需氮量来说，根瘤菌所提供的氮只占 1/3 左右；从大豆需氮动态上说，苗期固氮晚期数量少，结荚期特别是鼓粒期，固氮数量也减少，不能满足大豆植株的需要。因此，种植大豆必须施用氮肥。

2. 施肥技术

（1）底肥。以有机肥为主，配合一定量的化肥，在农家肥中以猪粪对大豆增产效果最好，其次是含有机质较多的马粪和堆肥，土杂肥效果较差。底肥在翻地前施入，通过翻地和耙地将肥料翻入耕层，并使之与土壤融合。

（2）种肥。种植大豆最好以磷酸二铵粒肥作种肥，每公顷 120～150 kg，注意种肥隔离。

（3）追肥。于大豆开花初期，或在趟最后一遍地的同时，将化肥撒在大豆植株的一侧，随即中耕培土。氮肥的施用量是：尿素 2～5 kg，或硫酸铵 4～10 kg，因土壤肥力和植株长势而定。为防止大豆鼓粒期脱肥，可在鼓粒初期进行根外（即叶面）追肥。做法是首先将 0.5 kg 化肥溶于 30 kg 水中，过滤之后喷施在大豆叶面上。可供叶面喷施的化肥和每公顷用量如下：尿素 9 kg，磷酸二氢钾 1.5 kg，钼酸铵 225 g，硼酸 1 500 g，硫酸锰 750 g，硫酸锌 3 000 个。需要指出的是，以上几种化肥可以单独施用，也可以混合施用。究竟施用哪种或者几种可根据实际需要而定。目前生产上很少采用追肥，只是在干旱瘠薄土地上叶面喷施的办法进行追肥。大豆生长期间一般不需要追肥。

（三）其他田间管理

1. 幼苗分枝期管理

（1）破除板结保全苗。出苗前后耙地镇压，中耕划锄，破除板结，助苗出土。

（2）查苗、补苗、疏苗、培育壮苗。出苗后及时查苗，缺苗的地方补苗或补种，苗多的地方疏苗，在大豆苗齐后第 1 片真叶展开前进行间苗，按规定株距留苗，拔除弱苗、病苗、小苗，同时剔除苗眼草。

（3）中耕除草。第 1 次在苗齐时进行，第 2 次在苗高 10～12 cm 时进行，以后结合降水灌水和田间杂草情况，每隔 10～15 d，中耕 1 次，直至盛花封垄前结束。中耕之前先铲地，将行上草和苗眼草铲除。

（4）追肥灌水。结合浇水于分枝期每亩追施尿素 5 kg，或硫酸铵 10 kg。

2. 开花结荚期管理

（1）追肥。苗期没有追肥，可于初花期每亩补施尿素 5～8 kg。

（2）根外追肥。每亩用 2%～3% 过磷酸钙浸出液 30～50 kg 喷洒于叶面，也可用 0.04%～0.05% 钼酸铵喷施，每亩 25～30 kg 药液。

3. 鼓粒成熟期管理

彻底拔除杂草，及时浇好鼓粒水，减少秕粒，增加产量，提高品质，后期应注意排水防涝。

三、病虫害综合防治

（一）合理轮作换茬

严禁重茬与迎茬。对土传病害（大豆根腐病）和以病残体越冬为主的病害（灰斑病、褐纹病、细菌斑点病等），以及在土壤中越冬的害虫（大豆根潜蝇、二条叶甲、蓟马等），通过 3 年轮作即可减轻为害。当前推广的麦—麦—豆，麦—豆—杂，麦—杂—豆，以及麦—麦—豆—杂，麦—豆—麦—杂，玉—玉—豆等轮作体系可达到减轻病虫害发生的作用。对发生大豆孢囊线虫病的地区，至少应实行 5 年轮作方可减轻病情。

(二)清除病残体

大豆收割后应清除田间病株残体，并及早翻地，将病残体深埋地下，以加速病原菌消亡，减轻病情。对越冬于土壤中的害虫，通过耕翻将害虫翻到土表，经过耙、压、耢地、机械损伤，加之日晒、风吹、雨淋、天敌食取，可大大增加害虫的死亡率，有效减缓第 2 年害虫的发生与为害。

(三)选用抗病虫品种

结合本地区自然条件及病虫害种类，选用高产抗病虫品种。要从无病区地块或无病株及虫粒率低的地块留种。外地调种时，首先要掌握产地的病虫害情况，严格检验有无检疫对象，凡是种子中混杂有菟丝子、野燕麦、菌核等严禁调用或调出作种，尽可能避免从孢囊线虫病较重的地区引调种子。

(四)加强栽培管理

播种期过早或播种过深均可加重根腐病发生。一般表土 0～5 cm 土温基本稳定在 6～8℃时即可播种，注意墒情，湿度大时，应晚播而不能顶湿强播。播种深度一般掌握在 4～5 cm，如应用播后苗前除草剂时，可适当调整播种深度，因为过浅时，易造成药害，但又不能过深。

增施有机肥料，合理施用化肥，N、P、K 配比要适当，避免单纯过多施用 N 肥，防止贪青徒长、倒伏及晚熟，以提高大豆抗病虫能力，使大豆整个生育期间均能健壮发育。

进行至少两次中耕，大豆根腐病重的地块根据苗情及早进行，改善土壤通透性，地温提高，促进新生根大量形成。对连作大豆地，一定要在 7 月下旬至 8 月上旬、中旬中耕培土一次，可以堵塞食心虫羽化，使成虫不能出土或减少出土量或机械杀伤大量的幼虫、蛹、成虫，减轻虫食率。每次中耕前要全面掌握大豆田草情、病情、虫情，用以确定配装复式作业。

根据大豆生育期间的实际情况，可采取较灵活的辅助措施，如遇连雨年份就要加强排涝、注意草情，后期出现大草尚需人工除去。化学除草可以有效清除一些病、虫源，减少中间寄主，尤其可降低田间湿度，通风透光，减轻病情作用较大。

(五)药物措施防治

1. 苗期

药剂拌种可推迟病、虫害的侵染为害，苗期保主根、保幼苗。对大豆根腐病发生较重地区可用 50% 多菌灵可湿性粉剂加 50% 福美双可湿性粉剂（3∶2），用药量为种子重的 0.5%。对大豆根潜蝇发生较重的地区可选用 40% 乐果，按种子重的 0.5% 播前 3～6 d 内湿拌种。对二条叶甲发生重的地区可采用 40% 乐果乳油，按种子重的 0.5% 拌种，拌种 3～5 d 内即应播种，以免影响幼苗。

当田间蚜虫、蓟马等害虫发生达到防治指标时，每公顷可用 40% 乐果 750～1 500 mL 兑水喷雾；防治二条叶甲、圆跳虫、黑绒金龟甲等害虫每公顷可用拟除虫菊酯类药剂 450～750 mL 兑水喷雾；防治地老虎可制成毒饵诱杀，将 90% 晶体敌百虫 50 g 用 5 kg 热水溶解再与炒香饼粉混拌均匀，傍晚用机械或人工撒于大豆田垄沟内，每公顷豆饼毒饵 22.5～37.5 kg。

2. 中期

主要防治对象为蚜虫、蓟马、红蜘蛛等刺吸式口器害虫；苜蓿夜蛾、火焰夜蛾、草地螟以及灯蛾、毒蛾类幼虫；灰斑病、褐纹病、霜霉病以及菟丝子。防治蚜虫、蓟马、红蜘蛛等害虫所用药剂与苗期相同。防治苜蓿夜蛾、火焰夜蛾、毒蛾类幼虫，每公顷用 90% 敌百虫或 80% 敌百虫乳油 750～1 125 mL 兑水喷雾。防治大豆灰斑病，每公顷可用 80% 三乙膦酸铝可湿性粉剂商品量 1 500～2 250 g 或 25% 甲霜灵可湿性粉剂 1 500～2 250 g 兑水喷雾。田间发现有菟丝子，可用 48% 仲丁灵乳油 150～200 倍液喷雾，并注意清除。

3. 后期

主要防治对象有灰斑病、褐纹病、大豆食心虫等。防治大豆灰斑病、褐纹病，每公顷可用 40% 灭病威胶悬剂 1 500 g，或 50% 多菌灵可湿性粉剂，每公顷用商品量 1 800 g，或用 50% 甲基硫菌灵可湿性粉剂，每公顷用商品量 1 800 g，兑水喷雾。防治大豆食心虫，根据测报，准确防治，一般在成虫发生盛期及幼虫孵化盛期之前施药为宜，每公顷可用 2.5% 溴氰菊酯（敌杀死）乳油 600 mL 兑水喷雾。

• 工具准备

农具、试验田、记录本。

• 材料准备

肥料。

• 人员准备

人员及任务分工见表 4-6。

表 4-6　大豆田间管理技术任务分工

任务角色	任务内容
组长：	任务：定期开展小组会，确定工作内容，分配工作任务，全程监测幼苗生长，实时记录，汇报大豆的田间管理情况
组员 1：	任务：参与讨论，根据任务分配，全程监测幼苗生长，实时记录，在出苗后观察出苗情况，进行间苗补苗
组员 2：	任务：参与讨论，根据任务分配，定期进行大豆的追肥浇水和中耕、病虫害综合治理等田间管理，并做好监测记录
组员 3：	任务：参与讨论，根据任务分配，定期进行大豆的追肥浇水和中耕、病虫害综合治理等田间管理，并做好监测记录

（续表）

任务角色	任务内容
组员 4：	任务：参与讨论，根据任务分配，定期进行大豆的追肥浇水和中耕、病虫害综合治理等田间管理，并做好监测记录

任务筹划

1. 查苗补苗

间苗定苗是高产的前提，大豆出苗后视苗情、墒情及时进行查苗、间苗、补苗（一般在大豆出土至 2 叶期进行间苗和补苗）、定苗（可在 3～4 叶期时进行）。补苗后及时补水并少量施肥，缩短缓苗期，促进幼苗尽快恢复生长，尽可能使幼苗整齐度一致。

2. 灌溉

大豆苗期需水量较少，约占整个生长周期需水总量的 20%。花期和结荚期需水量较多，约占需水总量的 50% 以上。鼓粒期需水量较少，约占需水总量的 30%。大豆各生育期需水量不同，应结合降水情况合理灌溉，水分不宜过多，防止造成大豆腐烂。

3. 施肥

生育期间追施尿素 150～225 kg/hm^2，分 2 次施用，其中，苗肥占 60%，苗期应施氯化钾 375～450 kg/hm^2；始花期占 40%，植株进入生殖生长期，根系的根瘤菌释放的氮素不能满足其生长需要，在始花期追施氮素可促进花和幼荚的生长。

4. 中耕除草

大豆全生育期需进行 3 次中耕培土，一般在齐苗期、定苗后、花芽分化前进行。中耕可除杂草，破除土壤板结，改善土壤理化性状，协调土壤中水、肥、气、热的关系，促进根系生产和微生物活动，提高土壤肥力，旱时蓄水保墒，涝时散墒。在播种后出苗前进行 1 次土壤化学封闭性除草，将大部分杂草消灭在出土前后，可用精喹禾灵、氟磺胺草醚、烯草酮、异丙甲草胺等农药。

5. 病虫害防治

坚持“预防为主，综合防治”的原则，合理利用生态调控、生物防治、物理防治和科学用药等技术措施。在播种期、苗期至分枝期、开花期至鼓粒期等关键时期，采取合适的防治措施，如合理轮作、选用抗病品种、种子包衣、药剂防治等。

任务实施

步骤一：查苗补苗，间苗匀苗。大豆出苗后如发现缺苗，即应补种或将预备苗移栽补种。同时还应及时间苗、匀苗。当苗高 4～5 寸[②] 出现第 1 片复叶时可行定苗。

步骤二：中耕除草培土。一般中耕 3 次；幼苗出土、子叶展开后，进行第 1 次

② 寸为非法定计量单位，1 寸 =3.33 cm。下同。

中耕深约 1 寸；苗高 3～4 寸时第 2 次中耕深 1.5 寸。开花前第 3 次中耕，后两次中耕结合培土。

步骤三：追肥。根据苗情而定，一般在开花前可施硫酸铵，每亩 5～10 kg。

步骤四：灌溉与排水。春大豆和夏大豆苗期是雨季，注意开沟排水保苗。夏大豆进入开花结荚期遇旱注意灌溉；秋大豆生育期间适逢干旱季节，灌溉是夺取丰收的关键措施。

链接 4–5

测试题

任务检测

请扫码答题（链接 4–5）。

任务评价

班级：＿＿＿＿＿＿＿　组别：＿＿＿＿＿＿＿　姓名：＿＿＿＿＿＿＿

表 4–7　大豆田间管理技术工作活动完成过程评价

项目	评分标准	自我评价	小组评价	教师评价
间苗、定苗（30 分）	留苗均匀（15 分）			
	操作步骤合理（15 分）			
追肥、浇水及中耕管理（30 分）	浇水适中、追肥合理（10）			
	记录细致，完整（10）			
	操作步骤合理（10 分）			
活动完成过程（30 分）	能够根据工作任务资料，分析并制订工作计划（5 分）			
	认真思考，积极动手，动脑（5 分）			
	积极参与小组合作与交流，配合默契，互帮互助（5 分）			
	通过小组讨论与再学习完成工作（5 分）			
	具有认真严谨的科学态度（10 分）			
活动效果（10 分）	整体的效果（很好 10 分；较好 7～9 分；一般 3～6 分；较差 0～2 分）			
合计				
自我评价与总结				

（续表）

项目	评分标准	自我评价	小组评价	教师评价
教师点评				

任务四　大豆收获技术

任务导入

当大豆茎秆呈棕黄色，有 7%～10% 的叶片尚未落尽时是人工收获最佳时期；当豆叶全部落尽，粒粒已归圆时，是机械收获的最佳时期；当大豆面积过大，虽然豆叶尚未落尽，但籽粒变黄，开始归圆时是分段收获的适宜时期。但涝年或涝区不宜采用，目前生产上往往收获时期偏晚，炸荚多，损失大，应值得注意。经过精心的田间管理，目前，大豆准备收获，请选择适当的收获时间和收获方式进行采收。

任务工单

班级________________　姓名________________　学号________________

任务名称	大豆收获技术
任务描述	根据实际情况，填写本任务的内容、目的、流程和方法。 任务内容：____ ____。 任务目的：____ ____。 任务流程：____ ____。 任务方法：____ ____。
获取信息	要完成任务，需要掌握相关的知识。请收集资料，回答以下问题： 1. 大豆结荚习性，在地理分布上有什么规律性与地域性？

（续表）

<table>
<tr><td>任务名称</td><td colspan="4">大豆收获技术</td></tr>
<tr><td>获取信息</td><td colspan="4">2. 大豆籽粒蛋白质、脂肪含量是多少？
3. 大豆籽粒品质与纬度的关系是什么？
4. 大豆收获的时期是什么？
5. 大豆储存与运输的要求是什么？</td></tr>
<tr><td>制订计划</td><td colspan="4">根据大豆收获技术任务，制订相应的工作计划。</td></tr>
<tr><td rowspan="6">任务实施</td><td colspan="4">按照预先制订的工作计划，完成本任务，并记录任务实施过程。</td></tr>
<tr><td>序号</td><td>完成的任务</td><td>遇到的问题</td><td>解决办法</td></tr>
<tr><td></td><td></td><td></td><td></td></tr>
<tr><td></td><td></td><td></td><td></td></tr>
<tr><td></td><td></td><td></td><td></td></tr>
<tr><td></td><td></td><td></td><td></td></tr>
</table>

任务准备

• 知识准备

一、大豆的结荚习性

大豆的结荚习性一般可分为无限、有限和亚有限 3 种类型。基本上是前两种类型。

（一）无限结荚习性

具有这种结荚习性的大豆茎秆尖削，始花期早，开花期长。主茎中、下部的腋芽首先分化开花，然后向上依次陆续分化开花。始花后，茎继续伸长，叶继续产生。如环境条件适宜，茎可生长很高。主茎与分枝顶部叶小，着荚分散，基部荚不多，顶端只有 1～2 个小荚，多数荚在植株的中部、中下部，每节一般着生 2～5 个荚。这种类型的大豆，营养生长和生殖生长并进的时间较长。多为野生大豆材料，如向阳 1 号。

（二）有限结荚习性

这种结荚习性的大豆一般始花期较晚，当主茎生长不久，才在茎的中上部开始开花，然后向上、向下逐步开花，花期集中。当主茎顶端出现一簇花后，茎的生长终结。茎秆不那么尖削，顶部叶大。不利于透光。由于茎生长停止，顶端花簇能够得到较多的营养物质，常形成数个荚聚集的荚簇，或成串簇。这种类型的大豆，营养生长和生殖生长并进的时间较短。如鲁豆 4 号。

（三）亚有限结荚习性

这种结荚习性介乎以上两种习性之间而偏于无限习性。主茎较发达，开花顺序由下而上。主茎结荚较多，顶端有几个荚。

大豆结荚习性不同的主要原因在于大豆茎秆顶端花芽分化时个体发育的株龄不同。顶芽分化时若值植株旺盛生长时期，即形成有限结荚习性，顶端叶大、花多、荚多。否则，当顶芽分化时植株已处于老龄阶段，则形成无限结荚习性，顶端叶小、花稀、荚也少。如鲁豆 2 号。

大豆的结荚习性是重要生态性状，在地理分布上有着明显的规律性和地域性。从全国范围看，南方雨水多，生长季节长，有限品种多；北方雨水少，生长季节短，无限性品种多。从一个地区看，雨量充沛、土壤肥沃，宜种有限性品种；干旱少雨、土质瘠薄，宜种无限性品种。雨量较多、肥力中等，可选用亚有限性品种。

二、大豆的品质

（一）大豆籽粒蛋白质的积累与品质

大豆籽粒的蛋白质含量十分丰富，含量为 40% 左右。大豆蛋白质所含氨基酸有赖氨酸、组氨酸、精氨酸、天门冬氨酸、甘氨酸、谷氨酸、苏氨酸、酪氨酸、缬氨酸、苯丙氨酸、亮氨酸、异亮氨酸、色氨酸、胱氨酸、脯氨酸、蛋氨酸、丙氨酸和丝氨酸。其中，谷氨酸占 19%，精氨酸、亮氨酸和天门冬氨酸各占 8% 左右。人体必需氨基酸赖氨酸占 6%；可是色氨酸及含硫氨基酸——胱氨酸、蛋氨酸含量偏低，均在 2% 以下。

在大豆开花后 10～30 d，氨基酸增加最快，此后，氨基酸的增加迅速下降。这标志着后期氨基酸向蛋白质转化过程大为加快。大豆种子中蛋白质的合成和积累，通常在整个种子形成过程中都可以进行，开始是脂肪和蛋白质同时积累，后来转入以蛋白质合成为主。后期蛋白质的增长量占成熟种子蛋白质含量的 1/2 以上。

（二）大豆籽粒油分的积累与品质

大豆油是一种主要的食用植物油，通常籽粒的油分含量在 20% 左右。大豆油中含有肉豆蔻酸、棕榈酸（软脂酸）、硬脂酸等 3 种饱和脂肪酸和油酸、亚油酸、亚麻酸等 3 种不饱和脂肪酸。大豆油中的饱和脂肪酸约占 15%，不饱和脂肪酸约占 85%。在不饱和脂肪酸中，以亚油酸居多，占 54% 左右。亚油酸和油酸被认为是人体营养中最重要的必需脂肪酸，有降低血液中胆固醇含量和软化动脉血管的作用。亚麻酸的性质不稳定，易氧化，使油质变劣。

（三）影响大豆籽粒蛋白质和油分积累的因素

大豆籽粒蛋白质与油分之和约为 60%，这两种物质在形成过程中呈负相关关系。凡环境条件利于蛋白质的形成，籽粒蛋白质含量即增加，油分含量则下降；反之，若环境条件利于油分形成，则油分含量会增加，蛋白质含量则下降。

1. 大豆籽粒的品质与气候条件的关系

据胡明祥等（1990）对不同生态区域大豆籽粒品质的测定结果，大豆蛋白质含量与大豆生育期间的气温、降水量呈正相关，与日照和气温的日较差呈负相关。祖世亨（1983）对我国 18 个省大豆籽粒含油量与气候条件关系的研究结果表明，大豆籽粒含油量与生育期间的气温高低和降水量呈负相关，与日照长短和气温的日较差大小呈正相关。总的来说，气候凉爽、雨水较少、光照充足、昼夜温差大的气候条件有利于大豆含油量的提高。

2. 大豆籽粒品质与地理纬度的关系

我国大豆籽粒的蛋白质和油分含量与地理纬度有明显的相关性。总的趋势是原产于低纬度的大豆品种，蛋白质含量较高，而油分含量较低；原产于高纬度的大豆品种，油分含量较高，而蛋白质含量较低。因而，东北大豆以油用为主，籽粒的蛋白质含量较低而含油量较高；南方一些地区的大豆以加工豆腐等食用为主，籽粒的含油量较低而蛋白质含量较高。丁振麟（1965）采用 3 个杭州大豆品种进行的地理播种试验结果证明，大豆北种南引，有利于蛋白质的提高；南种北引，有利于油分的提高。然而，地理纬度与蛋白质、油分的相关性并不是绝对的。

3. 大豆籽粒品质与海拔高度的关系

据 Gupta 等（1980）的研究，海拔低处的大豆蛋白质含量高，海拔高处的大豆蛋白质含量低。胡明祥等（1985）的研究也证明，在北纬 33° 以北地区，随着海拔升高蛋白质含量呈下降趋势，但在低纬度地区情况有所不同。大豆籽粒含油量的变化规律与蛋白质有所不同，一般海拔低处的油分含量低，而高处的油分含量高。但低纬度地区的情况恰恰相反，即海拔低处的大豆籽粒含油量高，海拔高处的大豆籽粒油分含量低。另外，研究还表明，大豆油分的碘价随海拔升高而提高，海拔高处棕榈酸（软脂酸）含量低，亚麻酸含量高；反之亦然。

4. 大豆籽粒品质与播种期的关系

大豆播种期不同，植株生长发育所遇到的环境条件各异，这些环境条件对大豆籽粒品质造成一定影响。一般认为，春播大豆籽粒蛋白质含量较高，夏播或秋播稍低；油分含量春播普遍高于夏播或秋播。播种期不仅影响大豆籽粒油分的含量，而且影响大豆籽粒脂肪酸的组成。春播大豆籽粒的棕榈酸（软脂酸）、硬脂酸、亚油酸和亚麻酸含量低，而夏播或秋播的则较高。油酸含量则与此相反，春播高于夏播或秋播。

5. 大豆籽粒品质与施肥的关系

据报道，给大豆单施氮肥、磷肥或者氮肥、磷肥混施均可增加大豆籽粒的蛋白质含量，给大豆单施农家肥会使大豆籽粒的含油量下降。在施用农家肥基础上再增施磷肥、氮磷肥、磷钾肥，或者不施农家肥而施氮、磷、钾化肥，都可以提高大豆籽粒的含油量。国内外的研究结果还表明，硫、硼、锌、锰、钼和铁等元素均会对大豆籽粒的品质形成产生影响。

另外，灌水、茬口、病虫为害等也会对大豆籽粒的品质带来影响。大豆花荚期灌水会提高大豆籽粒的含油量。对大豆籽粒含油量最有利的前作是玉米，最差的前作是甜菜。大豆受斑点病为害后，籽粒含油量下降；籽粒受食心虫为害后，蛋白质含量有所提高，含油量则下降。

（四）优质专用大豆的类型与品质指标

1. 高蛋白质含量的大豆

蛋白质含量 45% 以上，产量比当地同类品种增产 5%。

2. 高脂肪含量的大豆

脂肪含量 23% 以上，产量比当地同类品种增产 5%。

3. 双高含量的大豆

蛋白质含量 42%，脂肪含量 21% 以上，产量比当地同类品种增产 5%。

4. 高豆腐产量品种

豆腐产量比一般大豆高 10%～20%，籽粒产量与当地高产品种相当。

5. 无（低）营养成分抑制因子

无胰蛋白酶抑制剂或无脂氧化酶。

6. 适于出口的小粒豆（纳豆）

百粒重 15～16 g。

7. 适于菜用的大粒品种

鲜荚长 5.3 cm，宽 1.3 cm，含糖量 7%，蛋白质含量 36%～37%。

8. 高异黄酮含量

长期以来，大豆异黄酮在食品中作为一种抗营养因子，但最近由于其雌激素特性，而使大豆异黄酮的抗肿瘤活性得到人们的广泛关注。大豆种子中的异黄酮含量达到 0.05%～0.7%，在种子下胚轴含量较高，子叶中含量相对较低，种皮中的含量则更少。

- **工具准备**

农具、试验田、记录本。

- **人员准备**

人员及任务分工见表 4-8。

表 4-8　大豆收获技术任务分工

任务角色	任务内容
组长：	任务：组织小组讨论，确定工作内容，分配工作任务，全程监控任务推进
组员 1：	任务：参与讨论，通过查阅资料和田间监测，确定适宜收获期
组员 2：	任务：参与讨论，对大豆进行采收
组员 3：	任务：参与讨论，对大豆进行采收
组员 4：	任务：参与讨论，对大豆进行采收

任务筹划

1. 收获期

大豆的适宜收获期为黄熟末期至完熟期，适时收获可减少损失，增加产量，改善大豆品质。收获过早，籽粒未充分成熟，粒重降低，出现青秕粒，影响品质；收获过晚，豆荚炸裂，落粒减产。当植株变黄褐色，95% 豆荚转为成熟荚色，豆粒呈品种的本色和固有形状，籽粒与荚壳脱离，摇动植株籽粒有响声时是适宜的收获期。

2. 收获质量

机械联合收割时，割茬高度以不留荚为宜，一般为 5 cm，要求综合损失不超过 4%；人工收割时，要求割茬低，不留荚，放铺规整，及时脱打，损失率不超过 2%。脱粒后进行机械或人工清粮，使商品质量达到国家规定的三等以上标准。

任务实施

步骤一：根据田间生长情况，确定收获时间（当大豆茎秆呈棕黄色，杂有少数棕杏黄色，有 7%～10% 的叶片尚未落尽时）。

步骤二：根据试验田面积和大豆收获预估量，选择合适的收割方式进行收割，收割后整理晾晒。

步骤三：根据收获量，干燥后进行脱粒，筛杂，经过检斤、检质将纯度、净度、水分、百粒重和病粒率等记入表内，储藏。

步骤四：小组复盘整个项目流程，评估大豆种粒质量和产量，进行总结。

任务检测

请扫码答题（链接 4-6）。

链接 4-6

测试题

任务评价

班级：__________ 组别：__________ 姓名：__________

表 4–9 大豆收获技术工作活动完成过程评价

项目	评分标准	自我评价	小组评价	教师评价
收获（30 分）	收获时间适宜（15）			
	操作步骤合理（15 分）			
脱粒（30 分）	操作步骤合理（10 分）			
	种粒质量良好，产量达标（20）			
活动完成过程（30 分）	能够根据工作任务资料，分析并制订工作计划（5 分）			
	认真思考，积极动手，动脑（5 分）			
	积极参与小组合作与交流，配合默契，互帮互助（5 分）			
	通过小组讨论与再学习完成工作（5 分）			
	具有认真严谨的科学态度（10 分）			
活动效果（10 分）	整体的效果（很好 10 分；较好 7～9 分；一般 3～6 分；较差 0～2 分）			
合计				
自我评价与总结				
教师点评				

知识拓展

链接 4–7

《大豆储存品质判定规则》（GB/T 31785—2015）

项目五 马铃薯栽培技术

项目导读

马铃薯（*Solanum tuberosum* L.）属于茄科茄属植物，原产于南美洲，目前产量仅次于小麦、水稻和玉米，是世界第四大粮食作物。荷兰的马铃薯种质资源最为丰富。马铃薯由于耐旱耐瘠薄，增产潜力巨大，营养丰富，因而受到全世界的高度重视，在世界粮食生产中占据着十分重要的地位。同时，马铃薯的产品加工日益多样化，被广泛应用于食品、饲料、医药和化工等领域，已经成为全球经济贸易中的重要组成部分，市场潜力巨大。2015 年 1 月，农业部正式启动马铃薯主粮化战略，将马铃薯作为我国三大主粮的补充，使居民主食品种更加多样化、营养更加多元化，成为提升粮食安全水平的新举措。马铃薯主粮化战略有助于促进种植业结构调整，推动马铃薯产业跨越发展，满足居民膳食结构转型升级，对促进农业可持续发展、确保国家粮食安全具有重大意义。近年来，我国马铃薯的种植面积和总产量持续增长，然而受到水资源短缺和生产管理水平较低等因素的制约，我国马铃薯单产还不及世界马铃薯平均单产水平。因此，优化马铃薯栽培管理措施，提高产量，对于保障我国粮食安全具有重要意义。本项目主要介绍马铃薯播前准备、马铃薯播种及田间管理、马铃薯的收获与储藏的相关知识和技能。通过本项目的学习，使学生掌握马铃薯高产、优质、高效栽培理论，掌握马铃薯播前准备、播种、田间管理技术和收获储藏技术。

学习目标

（一）知识目标

（1）了解马铃薯作为主粮的重要意义。

（2）熟悉马铃薯的生活习性，了解马铃薯的生长环境。

（3）掌握马铃薯的不同生长阶段特征。

（4）熟悉马铃薯的繁殖方式。

（5）了解马铃薯的主要产区产地。

（6）了解主要马铃薯优良品种及特性。

（7）能估算马铃薯每亩的需肥量和产量。

（8）了解马铃薯常见病虫害及防治方法。

（9）初步掌握当地马铃薯种植规模现状、市场需求及供需关系动态情况。

（二）技能目标

（1）能结合当地情况，因地制宜地选配马铃薯良种。

（2）能做好马铃薯播前的出窖及挑选。

（3）掌握马铃薯播前的田地整地施肥操作技术。

（4）掌握马铃薯播前的暖种、晒种技术。

（5）根据当地情况，能合理选择马铃薯种植地块条件，科学规划马铃薯种植地块。

（6）能正确判定马铃薯地块的水肥本底条件，科学、合理做好马铃薯种植生长过程中的追施肥及灌溉。

（7）掌握马铃薯田间管理中的查苗补苗、中耕培土、疏枝除草等相关操作技能。

（8）掌握马铃薯种植中常见病虫害的防治方法。

（9）掌握马铃薯种植过程中最后的采收和储藏技能。

（10）通过全流程的马铃薯栽培种植过程，摸索总结出适合当地情况的马铃薯栽培品种及马铃薯高产、优质、高效栽培经验技术。

（三）发展目标

（1）树立安全意识。熟知野外田间工作安全常识，能保障个人人身安全。

（2）提升自我管理能力。遵守野外田间工作纪律，能恰当有效地利用时间，有效地计划并实施，按时完成各项任务。

（3）提升团队合作能力。能认知自己在团队中的角色，主动承担工作任务及责任，尊重他人意见，遵从集体决策，遵守各种行为规范和操作规范。

（4）提升独立思考能力。能积极习得知识，领悟并诠释交流所学内容，深入思考，灵活运用所学知识解决新问题。

（5）提升交流沟通能力。能主动接触陌生人，特别是一线从事马铃薯种植的农牧民或技术人员，通过聆听、交谈、交流，以获取更多有用的栽培管理信息。

（6）树立严谨求实的科学态度。能够严格按规范、标准一丝不苟地完成每一次野外田间实操工作，严谨求实，杜绝弄虚作假。

（四）思政目标

（1）育家国情怀，促民族团结。能感知并宣扬我国政治制度的优越性，有知农为农的责任感与担当意识，有各民族像石榴籽一样紧紧抱在一起，共同团结奋斗、共同繁荣发展的愿望。

（2）传中华文明，立民族自信。能弘扬中华优秀传统文化，坚持共同的理想信念和精神追求，树牢文化自信和民族自信。

（3）植农牧文化，育爱农情怀。能发扬农牧文化，懂农牧业、爱农牧民、爱农村牧区，做农牧人、干农牧事，增强投身“三农”的自豪感。

（4）宣生态文明，提生态素养。能尊重自然、爱护自然，践行人与自然和谐、绿色发展，成为具有生态理念、生态情怀和生态技能的生态文明建设者。

任务一　马铃薯播前准备

任务导入

如下图 5-1 所示，马铃薯播前的切种、备种、消毒是很重要的一项工作，根据当地情况结合马铃薯栽培种植前的准备工作原则、要求及方法，科学、合理完成马铃薯播前的选种、种薯处理、播前选地整地、施用底肥等工作。

图 5-1　马铃薯播前切种、备种、消毒

任务工单

班级＿＿＿＿＿＿＿＿　姓名＿＿＿＿＿＿＿＿　学号＿＿＿＿＿＿＿＿

<table>
<tr><td>任务名称</td><td colspan="4">马铃薯播前准备</td></tr>
<tr><td>任务描述</td><td colspan="4">根据实际情况，填写本任务的内容、目的、流程和方法。
任务内容：＿＿＿＿＿＿＿＿＿＿＿＿＿＿＿＿＿＿＿＿＿＿＿＿＿＿＿＿＿＿。
任务目的：＿＿＿＿＿＿＿＿＿＿＿＿＿＿＿＿＿＿＿＿＿＿＿＿＿＿＿＿＿＿。
任务流程：＿＿＿＿＿＿＿＿＿＿＿＿＿＿＿＿＿＿＿＿＿＿＿＿＿＿＿＿＿＿。
任务方法：＿＿＿＿＿＿＿＿＿＿＿＿＿＿＿＿＿＿＿＿＿＿＿＿＿＿＿＿＿＿。</td></tr>
<tr><td>获取信息</td><td colspan="4">要完成任务，需要掌握相关的知识。请收集资料，回答以下问题：
1. 马铃薯播前准备事项主要包括哪几个方面？
2. 如何因地制宜地选配马铃薯良种？
3. 种薯的出窖及挑选需要注意什么？
4. 马铃薯播前的田地怎样进行整地施肥？
5. 马铃薯播前的暖种、晒种有什么需要注意的？</td></tr>
<tr><td>制订计划</td><td colspan="4">根据马铃薯播前准备任务，制订相应的工作计划。</td></tr>
<tr><td rowspan="6">任务实施</td><td colspan="4">按照预先制订的工作计划，完成本任务，并记录任务实施过程。</td></tr>
<tr><td>序号</td><td>完成的任务</td><td>遇到的问题</td><td>解决办法</td></tr>
<tr><td></td><td></td><td></td><td></td></tr>
<tr><td></td><td></td><td></td><td></td></tr>
<tr><td></td><td></td><td></td><td></td></tr>
<tr><td></td><td></td><td></td><td></td></tr>
</table>

（续表）

任务名称	马铃薯播前准备					
任务评价	评价表					
	项目	评价内容	分值	自评	互评	师评
	知识技能	选种结合当地实际，具有代表性	10			
		暖种、晒种操作科学、合理	10			
		催芽方法得当、催芽效果佳	10			
		种薯切种大小重量合适	10			
		种薯消毒措施合理有效	10			
		选地整地和底肥施用科学、合理	10			
	任务进度	提前完成 10 分；正常完成 7～9 分；超时完成 3～6 分；未完成 0～2 分	10			
	任务质量	整体效果很好为 10 分；较好 7～9 分；一般 3～6 分；较差 0～2 分	10			
	素养表现	遵规守纪，独立思考，严谨求实，活学活用	10			
	思政表现	有家国情怀、生态情怀，有学农爱农意识	10			

任务准备

• 知识准备

一、种薯准备

选用优良品种，做好品种合理布局，良种良法配套，是获得马铃薯优质高产的重要措施。马铃薯良种应具备高产、稳产、优质、抗逆、适应性强的特点。但良种是相对的、有条件的。所以，在选用良种时，要结合本地具体条件，掌握以下基本原则。

（一）根据当地自然条件选用品种

不同地区育成的品种，一般对本地的自然条件有较强的适应性，应尽量选用本地育成的品种。对于距本地较远的育种单位育成的品种，一定要经过试验，确认适合本地种植后才能选用。盲目引进新品种，常因为对本地气候、生产条件不适应而造成减产。如北方地区要选用抗寒性强、抗病性强的品种，干旱地区要选用抗旱品种等。

（二）根据土壤肥力选用品种

一般水肥条件好的高产田，要选用高产、稳产、丰产的品种；反之，水肥条件差的低产田，应选用抗旱耐瘠薄的品种。高产品种不能种在低肥地上，低产品种也不能种在高肥地上。

（三）根据不同加工食品的要求选用品种

根据加工食品对马铃薯品质的要求，选用相适应的优质专用品种。对有生产加工薯片要求的，选用加工品质优良、耐储藏的品种，对有生产加工淀粉要求的，选用高干物质、高淀粉、低还原糖、耐褐变的品种。

二、种薯处理

（一）精选

选择适合本地区的良种，将不规则、龟裂、畸形、芽尖突出、皮色暗淡的马铃薯及病薯、烂薯剔除，挑选外观肥硕、光滑，无冻伤、无病害的种薯。

（二）暖种和晒种

为提早出苗及保证苗齐、苗匀、苗壮，对没有通过休眠的种薯须进行暖种、晒种处理。第 1 步，在播种前 30～40 d 进行暖种，要求黑暗环境，温度在 20℃左右保持 10～15 d，直到顶部有 1 cm 左右长的芽为止。第 2 步，晒种壮芽，萌芽后为避免幼芽黄化徒长和栽种时碰断，将暖芽后的种薯放于散光或阳光下晒，保持 15℃左右的低温，让芽绿化粗壮，需要约 20 d。注意：暖种晒种时间不应过长，否则容易造成芽衰老，将来引起植株早衰，而易受早疫病侵染。

（三）催芽

催芽于播种前 30 d 左右进行，这是一种提前马铃薯生长期的有效办法。

1. 物理催芽

常用的方法有：

（1）种薯储藏中即已在窖内萌芽的情况下，当芽长到 1 cm 左右时，将种薯取出窖外，平铺于光亮的室内，使之均匀见光，达到白芽变为浓绿色。这是一种根据种薯萌芽情况临时采取的机动措施，故可视具体情况而定。若幼芽萌发较长但不超过 10 cm，也可采取此法，而不必将芽剥掉。芽经绿化后，坚韧牢固，切块播种时稍加注意，即不致折断。

（2）种薯与湿沙或湿锯末等物互相层积于温床或大坑上，厚度约 50 cm，保持湿度和温度（10～15℃），促使幼芽萌发，这一方法也可以先把种薯切块后再层积催芽。当芽长达 1～3 cm，并发生根系时播种。因芽、根均柔嫩易折，故操作时应十分小心，小面积早熟栽培有时可以采用此法。

（3）种薯在有充足阳光的室内、塑料大棚或通风向阳的地上，平铺 2～3 层，并经常翻动，使之均匀见光。幼芽长达 1～1.5 cm 时，同时茎的表皮已晒成浓绿色，幼芽浓绿色或转绿，根点突出，即可切块播种。

2. 化学催芽

对没有通过休眠期的种薯，在播种前 7～10 d，切块用浓度 0.5～2 mg/L 的赤霉素药液浸泡 10～15 min，在通风凉爽的室内铺湿润河沙 3 cm 厚，然后放一层浸好药液的种薯，再加一层 3 cm 厚的河沙，如此 2～3 层，最上面一层 3 cm 厚河沙覆盖，要保持沙床湿润，经 7～10 d 即可发芽，芽长 1.5～2 cm 时，取出炼苗 1～2 d，即可播种。

（四）切种（切块）

切种（切块）时间选择播种前两三天即可，尽量选择凉爽晴朗天气的清晨或傍晚时切种。切种时拣出腐烂种薯、机械损伤种薯，最好用 0.3% 高锰酸钾或 75% 乙醇进行刀具消毒处理，以防感染病害。切种时将种薯分拣为大、中、小 3 个级别，150 g 以下为小薯，150～400 g 为中薯，400 g 以上为大薯，薯块播种量 1 500 kg/hm^2。种薯根据大小级别可切块或整体播种，50 g 以下的种薯可直接播种；切块时要充分利用其顶端优势，沿顶端纵切，切块应呈三角形（或方墩块），保持单薯块质量 30～50 g，每个切块只留 1 个壮芽，每个薯块要尽量多带薯肉，多余的芽用刀剜掉；51～100 g 的种薯，从中间一切两瓣，各保存一个芽眼；100 g 以上的种薯，根据芽眼多少，斜切成若干三角块状，确保每个薯块有健全的芽眼。在切块时，入刀尽量靠近芽眼，以利后期发根。切第 1 刀前后都应检视种薯是否带病，切了带病的种薯，立即用乙醇消毒切刀，种薯应边切块边浸种边晾干，不要等到切块成了堆再去处理。

（五）消毒

种薯切块后，为了保证种薯不带有病菌，保障种薯植株健康生长，一定要实行种薯消毒，可采取下列措施：

1. 草木灰拌种消毒

先将切好的薯块用 30℃左右温水洗净，然后用新鲜草木灰拌种，使切口均匀沾上草木灰，即可播种，可有效防治黑胫病、环腐病等。多年来应用研究实践表明：用草木灰拌种不但具有消毒杀菌避免细菌侵染切口，减少烂种的功效，而且草木灰含有丰富的钾，用草木灰拌种有利于马铃薯生长。

2. 1% 石灰水或 1% 高锰酸钾液消毒

用 1% 石灰水或 1% 高锰酸钾液消毒处理 10 min 后，把薯块平摊在温度较低不干燥（相对湿度为 85%～95%）的地方阴干，待切口绷皮愈合后方可播种，可防治黑胫病、疮痂病等。

3. 药剂消毒

用 20 g 硫酸铜兑水 1 000 g，浸泡种薯块 10 min，可防马铃薯黑胫病和环腐病等。用 40% 福尔马林 200 倍液浸种 25 min，可防治粉痂病、胫痂病等。用 50% 多菌灵可湿性粉剂 500 倍液浸种 15～20 min，可防治立枯病等。

三、播前选地整地

（1）马铃薯适宜在中性土壤中生长，最不适合在黏重土壤生长。种植马铃薯应选择地势高、易排水灌水的地块，选择土层深厚、结构松软、肥力中上等、保水保肥良好的土壤。要选择地势相对平坦，满足机械化在田间作业的土地。如果地形是丘陵或者梯田，就要保证倾斜的坡度适宜机械化作业。

（2）深耕整地是调节土壤水、肥、气、热的有效措施，是多结薯、结大薯、提高产量的重要前提。耕整地可加厚耕作层，疏松土壤，增大孔隙率，降低容重，提高水力和渗水性，为根系生长和块茎膨大创造有利条件，同时还可促进土壤微生物的活动和繁殖，加速有机质分解，增加土壤有效养分，减少或消除土壤传播的病虫草害。

（3）拖拉机是完成深耕整地操作工作的机械承运物，即使用拖拉机做动力带动耕整地机械来完成，在使用的过程要严格按照拖拉机的标准规范执行。而且需要注意的方面较多，包括土块大小的直径要小于 3 cm；耕深耕宽均匀一致；不重耕、不漏耕；通常耕深一般在 20 cm 左右即可；确保耕地之后的土地有严密的覆盖后，则可以施撒化肥。而“深”则要求深耕和深松，深耕是大于 20 cm，深松是在 30 cm 以上。交替季节，尤其是秋季可以适当镇压以减少水分的流失。播种前用圆盘耙把土地整理平整、疏松，使播种前的土地环境优良。漏耙所占的比例不超过 1%，土地的疏松平整度的落差在 3 cm 以内，每平方米不能有多于 5 块的土块。

（4）北方一季作区和中原二季作区提倡前茬秋收后、土壤冻结前做好播前准备，包括深松、灭茬、旋耕、耙地、施底肥等作业，有条件的地区应采用多功能联合作业机具进行作业。大力提倡和推广保护性耕作技术。深松作业的深度以打破犁底层为原则，一般为 30～40 cm；深松作业时间应根据当地降水时空分布特点选择，以便更多地纳蓄自然降水；建议每隔 2～4 年进行 1 次。秸秆还田时，秸秆长度一般不宜超过 10 cm。当地表紧实或明草较旺时，可利用圆盘耙、旋耕机等机具实施浅耙或浅旋，表土处理不超过 8 cm。南方冬作区因稻田地势低洼，土壤黏度大，应采取机械下管和机械筑埂等排灌措施。西南一、二季混作区在播前可进行机械旋耕作业，丘陵山地可采用小型微耕机具作业，平坝地区和缓坡耕地可采用中小型机具作业。对于黏重土壤，可根据需要实施深松作业，提高土壤的通透性。

四、施用底肥

马铃薯在生长和发育过程中也需要肥料的滋养，在马铃薯的整个种植过程中有 3 次施肥的操作。第 1 次施肥是在马铃薯进行栽种之前，在选地整地工作完成后，结合实际的栽种生产情况在土壤中加入适量的有机肥料；第 2 次施肥是在深度播种之后，目的是在马铃薯的生长过程中对其所采取的一种保护措施，马铃薯幼苗在浇水后用含氮元素的肥料进行施肥，这种速效肥有催化作用，主要是为了促进马铃薯叶苗的快速生长，提高幼苗叶绿素的产生速度；第 3 次施肥大概是在马铃薯的叶子十分繁茂时，这时主要是为了加快叶片的生长，提升马铃薯的产量，并且效果显著。而且化肥的成本相对较低，是大多数农民家庭都能够接受的。施肥量的多少、位置以及均匀度都是有着一定要求的，化肥的多少要根据马铃薯的实际需要进行操作。马铃薯与肥料之间的土层应大于 3 cm，遗漏的或者实际需求量多的种薯就要二次查看并施肥。为此一般的工作流程就是先进行施肥然后把土地进行翻新，翻过土后肥料的均匀度应大于 97%，这样更有利于马铃薯和土地对肥料的吸收。目前自带施肥功能的马铃薯种植机很多，播种的同时把肥料一起播下。

- **工具准备**

测绳、皮尺、铁锹、锄头、耙子、铁锨、水桶、保温农膜、手套、标牌、标桩。

- **材料准备**

种薯、肥料。

- **人员准备**

人员及任务分工见表 5-1。

表 5-1　马铃薯播前准备任务分工

任务角色	任务内容
组长：	任务：确定工作内容，分配工作任务，选择良种
组员 1：	任务：参与讨论，咨询专业人员、查询相关资料确定精选种薯方法
组员 2：	任务：参与讨论，完成种薯处理步骤
组员 3：	任务：参与讨论，完成切种工作
组员 4：	任务：参与讨论，完成底肥施用

任务筹划

（1）根据所掌握的相关知识，列出马铃薯播前准备的工作流程。
（2）根据所掌握的相关知识，列出马铃薯播前准备的操作方法。
（3）列出马铃薯播前准备的工作计划。

任务实施

步骤一：根据马铃薯良种选用要求及原则，在图 5-2、图 5-3、图 5-4 中选定符合良种的种薯，并阐述筛选依据。

步骤二：根据种薯处理要求及原则，指出在图 5-5、图 5-6、图 5-7、图 5-8 中的种薯处理的具体操作是什么？并阐述该操作的技术要点。

图 5-2：____
____。

图 5-3：____
____。

图 5-4：____
____。

图 5-5：____

____。

图 5-6：____

____。

图 5-7：____

____。

图 5-8：____

____。

步骤三：在野外真实的田间地头，马铃薯栽培种植地块上，运用马铃薯播前选地整地的原则、要求及方法，通过分组实际操作，规范选定一块马铃薯栽培种植田地，并在田地内科学、合理开展整地工作。

步骤四：根据马铃薯播前田地施用底肥的原则及要求，针对选定的种薯特性及当地田地的土壤水肥本底条件，科学合理设计底肥施用方案。

步骤五：总结。针对在完成活动中遇到的问题及解决情况进行总结。

____

____

____

任务检测

请扫码答题（链接 5-1）。

链接 5-1

测试题

任务评价

班级：________________　　组别：________________　　姓名：________________

表 5-2　马铃薯播前准备工作任务完成过程评价

项目	评分标准	自我评价	小组评价	教师评价
良种选用和种薯处理（30 分）	良种选定具有代表性（10 分）			
	催芽效果佳（10 分）			
	切种大小合适，消毒科学有效（10 分）			
选地整地和施用底肥（30 分）	地块选择合理（10 分）			
	整地操作科学得当（10 分）			
	底肥施用合理有效（10 分）			
活动完成过程（30 分）	能够根据工作任务资料，分析并制订工作计划（5 分）			
	认真思考，积极动手，动脑（5 分）			
	积极参与小组合作与交流，配合默契，互帮互助（5 分）			
	通过小组讨论与再学习完成工作（5 分）			
	能很好地展示活动成果（10 分）			
活动效果（10 分）	整体的效果（很好 10 分；较好 7～9 分；一般 3～6 分；较差 0～2 分）			
合计				
自我评价与总结				
教师点评				

厚植“知农爱农”情怀，培养“强农兴农”担当

建国以来，党和国家领导人就非常关心关注“三农”工作。建国之初，毛泽东同志提出“土、肥、水、种、密、保、管、工”的农业“八字宪法”。习近平总书记反复强调的保障粮食安全，关键是要保粮食生产能力，确保需要时能产得出、供得上，真正把藏粮于地、藏粮于技战略落到实处。中国人的饭碗任何时候都要牢牢端在自己手上，我们的饭碗应该主要装中国粮等有关“三农”，尤其是粮食问题的论述指引作物栽培学的发展方向。牢固树立正确的粮食安全意识，是每一个农牧业学生的必修课和最基本的学业素养。当前，《作物栽培学》是一门古老又现代的学科，栽培技术具有强烈的时代性。我国持续资助了“粮食丰产科技工程”“公益性行业（农业）科研专项”“中低产田改良科技工程”等重大项目，在国家重大政策和重大项目的资助和推动下，作物高产高效栽培技术获得重大实质性成果和进展。广大农牧业院校的学生，要时刻以“共和国勋章”获得者袁隆平院士和李振声院士，“布衣院士”卢永根等先进人物及其事迹为榜样，树立对先进人物的崇敬之情，学好知识、学好技能、学好本领，为国家的“强农兴农”事业贡献力量。

知识拓展

马铃薯优良品种

优良品种是马铃薯产业高质量发展的基础。下面对马铃薯优良品种情况进行了介绍（表 5-3），分析了各品种特点和适宜推广种植区域，以期为深入实施种业振兴行动、推动马铃薯产业高质量发展、助力脱贫地区乡村全面振兴提供参考和借鉴。

表 5-3 马铃薯优良品种

品种类型	品种名称	品种特点	适宜推广区域
骨干型品种	费乌瑞它	肉质脆嫩，口感好，熟期适宜，丰产稳产性好，适应区域广。	适宜在甘肃、黑龙江马铃薯适宜种植区、湖南湘西土家族苗族自治州、吉林、辽宁、宁夏、内蒙古春播；福建、广东中南部冬作区冬播；重庆，湖北低山、丘陵、平原地区秋播、冬播；广西桂南、桂中地区冬播，桂北地区秋冬播；贵州春播、冬播；河北马铃薯一季作、二季作地区，山东春、秋播；四川冬、春、秋季种植。
	冀张薯 12 号	生长势强、高产、稳产，抗病性强。	适宜在河北北部、山西北部、陕西北部和内蒙古中部等华北一季作区种植。

（续表）

品种类型	品种名称	品种特点	适宜推广区域
骨干型品种	陇薯7号	薯块外观品质优良，耐储藏，用途广。	适宜在西北一季作区的青海东部、甘肃中东部、宁夏中南部及南方冬作区的广东东、中、西部地区种植。
	大西洋	加工品质优良，极适于油炸薯片加工。	适宜在河北张家口、新疆北疆、广东中南部冬作区、广西、湖南、甘肃、宁夏、黑龙江、内蒙古、山西、天津、贵州、青海等马铃薯产区种植。
成长型品种	丽薯6号	适宜性广，结薯早，薯块膨大快，产量稳定。	适宜在云南种植。
	中薯5号	早熟、抗晚疫病、高产、稳产、适应性广。	适宜在中原二季作区北京、山东和河南春秋两季种植；北方一季作区辽宁和黑龙江春季种植；南方冬作区广东、广西、江西和福建冬季种植；西南地区重庆二季作区种植；中南地区湖南、湖北平原和丘陵区春季种植。
	晋薯16号	商品薯率高，抗晚疫病，蒸煮食味优。	适宜在山西一季作区种植。
	陇薯10号	抗旱、耐瘠薄，商品薯率高，薯块外观品质优。	适宜在甘肃北方半干旱地区、高寒阴湿及二阴地区一季作区种植。
	希森6号	丰产性强。	适宜在内蒙古、黑龙江、河北北部、山西北部、陕西北部、宁夏北方一季作区，山东、河北南部、山西南部、四川中原二季作区种植。
	云薯505	高抗晚疫病，产量高，休眠期超过4个月，易储藏。	适宜在云南德宏州海拔845～920 m马铃薯冬作区种植。
苗头型品种	中薯27	块茎外观品质好，食味品质优，适应性广。	适宜在中晚熟华北一季作区河北北部、山西北部、陕西北部和内蒙古中部春季种植。
	中薯早35	早熟，抗退化，耐瘠薄，高产、稳产，食味品质好。	适宜在二季作生态区山东、浙江、河南、安徽、江苏、河北、辽宁春作种植；冬作生态区福建、广东、湖南、湖北冬作和春作种植；一季作生态区河北和内蒙古春作种植。

（续表）

品种类型	品种名称	品种特点	适宜推广区域
苗头型品种	龙薯 12	早熟，高产，抗多种病害，食用口感优良。	适宜在黑龙江春季种植。
	闽薯 1 号	薯形美观，结薯均匀、集中，食味品质好。	适宜在福建春、冬季种植。
	黔芋 8 号	中抗晚疫病，结薯整齐，芽眼浅，口感细腻。	适宜在西南中高海拔生态区云南、贵州、四川春季种植。
	鄂马铃薯 16	丰产性好，鲜食品质优异，晚疫病抗性高。	适宜在湖北高山地区 11 月至翌年 3 月种植。
特专型品种	中薯早 39	早熟，高淀粉，抗退化，适应性广。	适宜在中原二季作生态区山东、安徽春作种植；南方冬作生态区湖北、湖南、福建、广东、广西和江西冬作种植；西南混作生态区四川和贵州的低海拔地区春作种植；北方一季作生态区黑龙江、吉林、内蒙古和河北春作种植。
	东农 310	高干物质，高淀粉，低还原糖，耐褐变，适于淀粉和全粉加工。	适宜在黑龙江、吉林、内蒙古东部春季种植。
	克新 30 号	田间抗晚疫病，休眠期长，适合全粉加工。	适宜在黑龙江春季种植。
	云薯 304	符合薯片加工要求，耐储藏。	适宜在云南马铃薯早春作区种植。

任务二　马铃薯播种及田间管理

任务导入

如下图 5-9 所示，马铃薯播种是一项很重要的工作，根据当地情况结合马铃薯播种及田间管理工作的原则、要求及方法，科学、合理掌握马铃薯播种时间及密度，做好马铃薯生长期田间管理的追肥、中耕、除草、病虫害防治等各项工作。

图 5-9　马铃薯播种

任务工单

班级＿＿＿＿＿＿＿＿　　姓名＿＿＿＿＿＿＿＿　　学号＿＿＿＿＿＿＿＿

任务名称	马铃薯播种及田间管理
任务描述	根据实际情况，填写本任务的内容、目的、流程和方法。 任务内容：＿＿＿＿＿＿＿＿＿＿＿＿＿＿＿＿＿＿＿＿。 任务目的：＿＿＿＿＿＿＿＿＿＿＿＿＿＿＿＿＿＿＿＿。 任务流程：＿＿＿＿＿＿＿＿＿＿＿＿＿＿＿＿＿＿＿＿。 任务方法：＿＿＿＿＿＿＿＿＿＿＿＿＿＿＿＿＿＿＿＿。
获取信息	要完成任务，需要掌握相关的知识。请收集资料，回答以下问题： 1. 当地马铃薯种植的合适播种期是什么时候？ 2. 马铃薯种植的合理密度有哪些要求，如何控制？ 3. 生长期什么情况下要追肥，追肥要注意哪些方面？

（续表）

<table>
<tr><td>任务名称</td><td>马铃薯播种及田间管理</td></tr>
<tr><td>获取信息</td><td>4. 生长期什么情况下要除草，除草要注意哪些方面？

5. 病虫害防治原则是什么，常见病害防治方法有哪些？</td></tr>
<tr><td>制订计划</td><td>根据马铃薯播种及田间管理任务，制订相应的工作计划。</td></tr>
<tr><td>任务实施</td><td>按照预先制订的工作计划，完成本任务，并记录任务实施过程。
<table>
<tr><th>序号</th><th>完成的任务</th><th>遇到的问题</th><th>解决办法</th></tr>
<tr><td></td><td></td><td></td><td></td></tr>
<tr><td></td><td></td><td></td><td></td></tr>
<tr><td></td><td></td><td></td><td></td></tr>
<tr><td></td><td></td><td></td><td></td></tr>
</table></td></tr>
<tr><td>任务评价</td><td>
<table>
<tr><th colspan="6">评价表</th></tr>
<tr><th>项目</th><th>评价内容</th><th>分值</th><th>自评</th><th>互评</th><th>师评</th></tr>
<tr><td rowspan="6">知识技能</td><td>查苗补苗得当</td><td>10</td><td></td><td></td><td></td></tr>
<tr><td>追肥科学、合理</td><td>10</td><td></td><td></td><td></td></tr>
<tr><td>中耕培土及时，疏枝操作合理有效</td><td>10</td><td></td><td></td><td></td></tr>
<tr><td>除草及时</td><td>10</td><td></td><td></td><td></td></tr>
<tr><td>病虫害防治科学得当</td><td>10</td><td></td><td></td><td></td></tr>
<tr><td>灌水科学及时有效</td><td>10</td><td></td><td></td><td></td></tr>
<tr><td>任务进度</td><td>提前完成 10 分；正常完成 7～9 分；超时完成 3～6 分；未完成 0～2 分</td><td>10</td><td></td><td></td><td></td></tr>
<tr><td>任务质量</td><td>整体效果很好 10 分；较好 7～9 分；一般 3～6 分；较差 0～2 分</td><td>10</td><td></td><td></td><td></td></tr>
<tr><td>素养表现</td><td>遵规守纪，独立思考，严谨求实，活学活用</td><td>10</td><td></td><td></td><td></td></tr>
<tr><td>思政表现</td><td>有家国情怀、生态情怀，有学农爱农意识</td><td>10</td><td></td><td></td><td></td></tr>
</table></td></tr>
</table>

任务准备

• 知识准备

一、适时播种

选择适宜的播种期。温度对于马铃薯生长非常重要，确定最佳的播种期实际上就是使马铃薯的生育期处在适宜的温度下，原则上，马铃薯的结薯盛期要处于月平均温度在 15～25℃，适合块茎持续生长的时间越长，马铃薯结薯量越大，总产量也越高。因此，要做到适时播种，播种过晚或者播种过早都会对产量和质量造成较为严重的影响。还要根据种薯的发芽情况来选择播种期，应当等种薯芽齐、长度适宜后再播种，这种情况下不宜早播，否则会产生子块茎，易出现缺苗断垄的现象。

（一）各地播种期概况

在华北、华东、华中的大部分地区一年能够种植两季马铃薯，其中，浙江、江苏等中南一带的省（区）第 1 季是 1 月至 2 月播种春薯，5 月至 6 月收获，第 2 季是 9 月播种秋薯，12 月收获；河北、山东等华北、华东地区第 1 季是 2 月至 3 月播种春薯，6 月至 7 月收获，第 2 季是 8 月播种秋薯，10 月至 11 月初收获；在东北或甘肃、青海等西北地区，一般是在春季种植（4 月中下旬至 5 月初），秋季收获，通常一年只能够种植 1 季马铃薯，称为北方和西北一季作区；在华南、西南地区可以在秋季水稻收获后利用期间空隙种植 1 季马铃薯，一般是在 10 月中下旬至 11 月播种，翌年的 2 至 3 月收获。

（二）高海拔地区播期要求

在高海拔地区更应注意适时播种，一般在海拔 1 800 m 以上的地区为春季播种，播种时须考虑出苗后要避开低温、霜冻的影响，要根据当地的气候条件来确定最佳的播种期，一般以土层深 10 cm 左右处地温稳定在 9℃以上为宜，一般高海拔地区安排在每年 4 月中下旬至 5 月上旬，并且要根据种植的品种选择适宜的种植密度和深度，如种植植株较矮、分枝较小的品种可以选择高密度种植，一般每亩 6 000 株，播种深度一般在 10～15 cm，具体还需要按芽的长短进行分区播种，这样利于出苗整齐。如果想提前让马铃薯出苗，可以采用地膜覆盖的方法，可提前 5～10 d 出苗，覆盖地膜要注意将四周封严，并做好观察工作，待幼苗出土后要及时剪破地膜，让幼苗露出膜外，并在播种后的 50 d 左右及时将膜揭开，否则会因地温过高影响块茎生长。

（三）播期密度控制

马铃薯的产量与种植密度有着密切的关系，单株马铃薯的产量是由单株结薯的数量与单个薯块重量的乘积得来的，但是当种植密度过大时，会影响薯块的膨大，导致单株产量减少，而种植密度过低则地块没有得到充分的利用，虽然单株产量增加了，但是总的产量却减少，因此，产量与种植密度有一定的关系，需要解决好种植密度与群体产量和个体产量之间的矛盾关系。要做到合理密植，这样才能使单位面积有一个合理的群体结构，才能获得最大的产量，在一般的栽培条件下，每亩保持在 5 000～6 000 株。但是，也需要根据土壤的条件、肥力、马铃薯的品种等因素来决定种植密度。

二、田间管理

（一）查苗补苗

出苗达 70%～80% 时，揭掉小拱棚，及时查苗炼苗，确保苗壮。80% 的苗能破膜出苗，20% 的苗需人工辅助放苗。在出苗期，须随时到田间查看，进行查苗补苗。地膜马铃薯要人工辅助放苗出膜，发现有缺苗现象时，可采取催芽补苗或移苗补苗方法，同时进行封口保湿。

（二）施肥

1. 苗期喷肥

苗期追肥以促为主，苗齐后可喷施磷酸二氢钾或喷施宝等叶面肥 2～3 次。开花后根据植株长势确定是否使用抑制剂。若植株徒长，喷施 1～2 次植物抑制剂，如多效唑等，以控制徒长，防止地上部倒伏。

2. 蕾期追肥

马铃薯现蕾期，追施 0.2% 尿素和 0.2% 磷酸二氢钾混合液。在现蕾后，喷施 500～1 000 mg/L 矮壮素或 100～150 mg/L 多效唑溶液 1～2 次，使植株高度控制在 60 cm 左右为宜。

3. 发棵期、结薯期追肥

发棵期和结薯期不需要大量追肥，可结合滴灌在发棵期和结薯期各追肥 1 次。将硫酸钾型冲施肥（$N:P_2O_5:K_2O=14:10:26$）放入施肥罐内，充分搅匀，随水滴灌，施肥量为每次 75～150 kg/hm^2。

4. 中耕施肥

在马铃薯出苗期中耕培土和花期施肥培土，应根据不同地区采用高地隙中耕施肥培土机具或轻小型田间管理机械，田间黏重土壤可采用动力式中耕培土机进行中耕追肥机械化作业。在沙性土壤垄作进行中耕培土施肥，可一次完成开沟、施肥、培土、拢形等工序。追肥机各排肥口施肥量应调整一致，依据施肥指导意见，结合各地目标产量确定合理施肥量。追肥机具应具有良好的行间通过性能，追肥作业应无明显伤根，伤苗率＜3%，追肥深度 6～10 cm，追肥部位在植株行侧 10～20 cm，肥带宽度＞3 cm，无明显断条，施肥后覆盖严密。

（三）中耕培土

马铃薯是根和茎同时生长的作物，为了促进根系发达，在全苗的基础上要中耕培土。中耕培土在马铃薯出苗期进行，可用马铃薯中耕机来进行中耕培土。中耕主要是对松土的深度以及垄高的高度有一些具体的要求，中耕后要土质疏松、土块小，同时清除杂草。为保护好马铃薯种薯不受伤害，中耕的间距要与播种的距离等同，操作具有一致性。中耕一般有两次，当马铃薯幼苗出苗量大于 50%，株高在 10 cm 左右时开始第 1 次中耕，培土宜浅，培土高度 5 cm 左右；当株高成长到 25 cm 时，马铃薯进入现蕾期，第 2 次中耕，进行大培土，培土高度 10 cm 左右，土层宜厚，有利于封垄，形成匍匐茎，增加结薯量，预防块茎裸露变绿，影响品质。

（四）疏枝

及时摘除花蕾，减少养分消耗，以提高产量。马铃薯的分枝性较强，若栽植过密或施氮肥过多，生长过旺和密度过大，会影响地下部分发育，应及时疏枝，去除病枝、弱枝，增强通风透光，减少病害。在花蕾形成期，及时摘除花蕾，避免养分消耗，促进养分集中供应块茎，增加产量。

（五）除草

露地马铃薯在出苗前可用嗪草酮除草或用 45% 田普微胶囊悬浮剂（有效成分二甲戊灵）2 250 mL/hm^2 兑水 450 kg 地面喷雾，进行土壤封闭除草，可有效防除一年生禾本科杂草和一年生阔叶杂草，也可以配合中耕进行除草；马铃薯出苗后，在株高 10 cm 前，一年生禾本科杂草 1～3 叶期、一年生阔叶杂草 2～4 叶期时，用 23.2% 砜·喹·嗪草酮可分散油悬浮剂 1 050～1 275 mL/hm^2 兑水 450 kg 进行田间喷雾，可有效防除一年生禾本科杂草和一年生阔叶杂草。地膜马铃薯可在覆膜的同时在膜下喷洒除草剂进行除草。

（六）病虫害防治

病虫害防治主要是以防为主、防治结合，根据当地马铃薯病虫害的发生规律，应按相应的农业生产和植保要求选用药剂及用量，按照机械化高效植保技术操作规程进行防治作业。在马铃薯 3～5 叶期喷施除草剂，要求在行间近地面喷施，从而减少药剂漂移，并且戴口罩等防止药剂进入口腔。马铃薯生长中后期病虫害防治，主要是利用高地隙喷药机械进行机械化植保作业，要提高喷施药剂的对靶性和利用率，提高防病效率，严防人畜中毒、生态污染和农产品农药残留超标。

1. 病害防治

马铃薯常见病害主要有疮痂病、环腐病、青枯病、早疫病和晚疫病等。防治工作应按照“预防为主、防治结合”的原则，早发现、早治理。疮痂病防治可使用 0.1% 氯化汞水浸种 1.5 h 或用 0.2% 福尔马林浸种进行预防；环腐病防治要做好切刀消毒工作或采用小整薯播种；青枯病防治宜采用合理轮作、小整薯播种或调用健康薯种等措施减轻为害；早疫病多发于马铃薯现蕾期，应加强监测，在雨天到来之前，先用代森锰锌（全络合态）、丙森锌等保护性杀菌剂进行预防，也可在病害发生后使用58%甲霜灵·锰锌400～500倍液或64%噁霜·锰锌400～500倍液进行喷射杀毒；晚疫病多发于马铃薯开花期，在雨水旺季和开花期前后大量发生，要积极组织专业技术人员在晚疫病高发阶段进行防治，发生后可喷洒波尔多液或瑞毒霉等进行杀毒。

2. 虫害防治

马铃薯常见虫害有蚜虫、金针虫、地老虎等，可采用化学药剂和物理防治相结合使用。蚜虫防治可选用抗蚜威粉剂或蚜虱净粉剂，在蚜虫盛期用乐果乳油或蚜虱净喷雾防治；金针虫防治可采取灯光诱杀成虫、冬翻土地冻死幼虫和药物大面积灭杀等方式进行；地老虎防治可使用鲜草拌烘焙麦麸、糖和杀虫剂，加入适量水制成毒饵，于傍晚撒在马铃薯苗根部进行诱杀。

（七）科学灌水

一般播种时土地墒情较好，马铃薯出苗前及出苗期，对水的需求量不大，可不灌水，以免降低地温。出苗后视土壤墒情随机灌水，保持土壤相对湿度75%左右。现蕾开花期，地下开始结薯，随着块茎的初步形成，对水的需求量急剧增大，稍有干旱，就要补充水分；块茎形成末期，茎叶生长缓慢乃至停止，以淀粉积累为主，块茎体积不再增大，淀粉、蛋白质和灰分却继续增加，从而使重量增加，应根据条件适当补充水分并进行追肥。在马铃薯收获前1周要停止灌水，保持田间相对湿度60%左右，以防薯块腐烂，不易储藏。马铃薯灌水通常采用沟灌，根据实际情况确定采用逐沟灌或隔沟灌，水面到沟深2/3为准，不要漫过垄面，以免地表土地板结。水地马铃薯种植，要视墒情，采取少量多次的方法，严格控制灌水量。有条件的地区，可采用喷灌、膜下滴灌、垄作沟灌等高效节水灌溉技术和装备，按马铃薯需水、需肥规律，适时灌溉施肥，提倡应用一体化技术。

• 工具准备

铁锹、锄头、铁锨、水桶、保温农膜、手套、中耕机、农药喷雾剂。

• 材料准备

种薯、肥料、农药。

• 人员准备

人员及任务分工见表5-4。

表5-4 马铃薯播种及田间管理任务分工

任务角色	任务内容
组长：	任务：确定工作内容，分配工作任务，确定播种期，组织完成种植任务
组员1：	任务：参与讨论，咨询专业人员、查询相关资料确定种植密度
组员2：	任务：参与讨论，查询相关资料，确定播种量、播种深度
组员3：	任务：参与讨论，根据讨论结果确定种植方式
组员4：	任务：完成田间管理和记录工作

任务筹划

（1）根据所掌握的相关知识，列出马铃薯播种及田间管理的工作流程。
（2）根据所掌握的相关知识，列出马铃薯播种及田间管理的相关操作方法。
（3）列出马铃薯播种及田间管理的工作计划。

任务实施

步骤一：指出图 5-10 中马铃薯栽培的具体操作是什么？并阐述该操作的技术要点。

图 5-10：____
____。

步骤二：根据马铃薯田间管理要求及原则，指出图 5-11、图 5-12、图 5-13、图 5-14、图 5-15、图 5-16、图 5-17 中田间管理处理的具体操作是什么？并阐述这些操作的技术要点。

图 5-11：____
____。

图 5-12：____

____。

图 5-13：____

____。

图 5-14：____

____。

图 5-15：____

____。

图 5-16：____

____。

图 5-17：____

____。

步骤三：在野外真实的田间地头，马铃薯栽培种植地块上，运用马铃薯田间管理的原则、要求及方法，通过分组实际操作，选定一块马铃薯栽培种植试验田地，并在田地内科学、合理开展田间管理工作。

步骤四：根据马铃薯田间管理的原则及要求，针对马铃薯不同的生长期，科学、合理设计追肥、除草、病虫害防治及灌水工作方案，填写表 5-5。

表 5-5　田间管理主要工作注意事项

生长期	管理措施			
	追肥	除草	病虫害防治	灌水
苗期				
蕾期				
发棵期				
结薯期				

步骤五：总结。针对在完成活动中遇到的问题及解决情况进行总结。

____

____

____

____

____

任务检测

链接 5-2

测试题

请扫码答题（链接 5-2）。

任务评价

班级：__________　组别：__________　姓名：__________

表 5-6　马铃薯播种及田间管理工作任务完成过程评价

项目	评分标准	自我评价	小组评价	教师评价
播种（20 分）	播种期选择合适（10 分）			
	种植密度得当（10 分）			
田间管理（40 分）	追肥合理、及时、有效（10 分）			
	除草及时、合理（10 分）			
	病虫害防治科学得当（10 分）			
	灌水充分、及时、有效（10 分）			

（续表）

项目	评分标准	自我评价	小组评价	教师评价
活动完成过程（30分）	能够根据工作任务资料，分析并制订工作计划（5分）			
	认真思考，积极动手，动脑（5分）			
	积极参与小组合作与交流，配合默契，互帮互助（5分）			
	通过小组讨论与再学习完成工作（5分）			
	能很好地展示活动成果（10分）			
活动效果（10分）	整体的效果（很好10分；较好7～9分；一般3～6分；较差0～2分）			
合计				
自我评价与总结				
教师点评				

任务三　马铃薯的收获与储藏

任务导入

如下图5-18所示，马铃薯收获是一项很重要的工作，根据当地情况结合马铃薯收获工作的原则、要求及方法，科学、合理掌握马铃薯收获时间及方法，及时做好马铃薯的科学储藏等各项工作。

图 5-18　马铃薯收获

任务工单

班级 ________________　姓名 ________________　学号 ________________

任务名称	马铃薯的收获与储藏
任务描述	根据实际情况，填写本任务的内容、目的、流程和方法。 任务内容：____ ____。 任务目的：____ ____。 任务流程：____ ____。 任务方法：____ ____。
获取信息	要完成任务，需要掌握相关的知识。请收集资料，回答以下问题： 1. 什么是马铃薯收获？马铃薯收获的时间如何掌握，有怎样的要求？ 2. 马铃薯科学储藏的通风条件有怎样的要求？

（续表）

<table>
<tr><td>任务名称</td><td colspan="6">马铃薯的收获与储藏</td></tr>
<tr><td>获取信息</td><td colspan="6">3. 马铃薯科学储藏的温度条件有怎样的要求？

4. 马铃薯科学储藏的湿度条件有怎样的要求？</td></tr>
<tr><td>制订计划</td><td colspan="6">根据马铃薯的收获与储藏任务，制订相应的工作计划。</td></tr>
<tr><td rowspan="6">任务实施</td><td colspan="6">按照预先制订的工作计划，完成本任务，并记录任务实施过程。</td></tr>
<tr><td>序号</td><td colspan="2">完成的任务</td><td colspan="2">遇到的问题</td><td>解决办法</td></tr>
<tr><td></td><td colspan="2"></td><td colspan="2"></td><td></td></tr>
<tr><td></td><td colspan="2"></td><td colspan="2"></td><td></td></tr>
<tr><td></td><td colspan="2"></td><td colspan="2"></td><td></td></tr>
<tr><td></td><td colspan="2"></td><td colspan="2"></td><td></td></tr>
<tr><td rowspan="13">任务评价</td><td colspan="6">评价表</td></tr>
<tr><td>项目</td><td>评价内容</td><td>分值</td><td>自评</td><td>互评</td><td>师评</td></tr>
<tr><td rowspan="6">知识技能</td><td>马铃薯收获时机得当</td><td>10</td><td></td><td></td><td></td></tr>
<tr><td>马铃薯收获方法科学</td><td>10</td><td></td><td></td><td></td></tr>
<tr><td>马铃薯收获的明薯率达到98% 以上</td><td>10</td><td></td><td></td><td></td></tr>
<tr><td>储藏通风条件控制合理</td><td>10</td><td></td><td></td><td></td></tr>
<tr><td>储藏温度条件控制得当</td><td>10</td><td></td><td></td><td></td></tr>
<tr><td>储藏湿度条件控制良好</td><td>10</td><td></td><td></td><td></td></tr>
<tr><td>任务进度</td><td>提前完成 10 分；正常完成 7～9 分；超时完成 3～6 分；未完成 0～2 分</td><td>10</td><td></td><td></td><td></td></tr>
<tr><td>任务质量</td><td>整体效果很好为 10 分；较好 7～9 分；一般 3～6 分；较差 0～2 分</td><td>10</td><td></td><td></td><td></td></tr>
<tr><td>素养表现</td><td>遵规守纪，独立思考，严谨求实，活学活用</td><td>10</td><td></td><td></td><td></td></tr>
<tr><td>思政表现</td><td>有家国情怀、生态情怀，有学农爱农意识</td><td>10</td><td></td><td></td><td></td></tr>
</table>

任务准备

• 知识准备

一、收获

收获是马铃薯种植的最后一个步骤，当马铃薯大部分茎叶枯黄时，标志着马铃薯已经成熟，进入收获期，应立即收获，避免霜冻。收获马铃薯时应尽可能先将马铃薯的秧收割完毕，这样不仅有助于土壤里水分的蒸发，为马铃薯的收获带来便利，而且也可以用薯秧来喂猪，节省猪饲料的成本；同时，马铃薯打秧除去茎叶和杂草，也能实现秸秆还田，提高作业效率，培肥地力。要根据地块大小和马铃薯品种，选择合适的打秧机和收获机。马铃薯打秧机应采用横轴立刀式，茎叶杂草去除率≥80%，切碎长度≤15 cm，割茬高度≤15 cm。马铃薯打秧结束后须晒1～2 d，待地块干后再进行马铃薯机械化收获。这样能让马铃薯在土壤中熟透，有效提升马铃薯的质量，最大限度地增大经济效益。收获应选取晴天进行，马铃薯收获机的选型应适合当地土壤类型、黏重程度和作业要求。马铃薯机械化收获技术利用与拖拉机配套的单行或双行及多行马铃薯收获机，一次性完成挖掘、振动、分离、铺放等作业工序。作业时，挖掘铲直接将土层和马铃薯输送到传送振动筛上，使马铃薯分离出来。收获深度可达30 cm，收过的土地上基本没有漏收的马铃薯。马铃薯收获机械的应用，不仅减轻了农民的劳动强度，提高了作业效率，而且提高了收净率和破皮率，减少了收获过程中的各种损失。

目前，马铃薯收获机多为小型挖掘机，就是把马铃薯从地里挖掘出来，铺放在作业道路上，然后再人工捡拾装袋。挖掘机一般挖掘深度在20 cm，车速控制在4 km/h，收获机与先前使用的拖拉机间距要统一，以确保不损伤马铃薯。挖出的马铃薯的明薯率一般达到98%以上，埋薯率小于2%，伤薯率小于1.5%，破皮率小于2%。在丘陵山区宜采用小型振动式马铃薯收获机，可防堵塞并降低石块导致的机械故障率，减小机组作业转弯半径。最后，在马铃薯收获之后，要尽量将种植区的马铃薯捡拾干净，避免因遗留下的马铃薯腐烂而产生病害，损害土壤的再次使用。

二、科学储藏

收获后的马铃薯要在阴凉干燥处保存一两天，待块茎水分适当散发后，按照果实大小挑选，去除烂薯、病薯后及时入窖，科学储藏，以防发生青皮；同时，操作过程中尽量减少薯块破皮、受伤，保证薯块外观光滑，保证食品性、增加商品性，并视市场情况及时出售。储藏中，食用薯、商品薯和种薯要分别进行储藏，食用薯和商品薯要防止日晒，种薯应给予一定的光照再低温储藏。窖藏过程中，对窖体进行消毒处理，温度控制在0～4℃，空气相对湿度保持在85%以下，做到两头防热，中间防冻。科学储藏主要需注意以下方面。

（一）通风条件

马铃薯储藏要求窖内空气循环流动，流速均匀。通风设备是储藏窖中的基本设备，常设有自然通风和机械通风两种方式。通风可以带走马铃薯表面的热量、水分、二氧化碳，并提供氧气。空气流通情况与马铃薯堆高密切相关，堆高可以节约空间，但也会积累马铃薯呼吸所释放的热量，阻碍空气流动。在有良好空气流动通道和机械通风设备的窖内堆高应控制在 1 m 左右。

（二）温度条件

种薯一般储藏在 4 ℃以下。调节和控制温度，既要防冻又要防热，刚入窖的马铃薯要通风散热，储藏一段时间后应注意降温。当外界气温降至 −5 ℃时封闭气孔，保持窖内温度恒定至来年开窖。

（三）湿度条件

种薯在储藏期间应保持表面干燥，将马铃薯因失水而导致的重量损失降到最低。马铃薯块茎含水量 80% 左右，通过伤口和芽失去的水分比通过成熟表皮失去的水分多，储藏窖空气相对湿度保持在 75% 左右，避免薯块或储藏窖内壁的水分凝结，尽量减少制冷或换气的通风时间。

• 工具准备

铁锹、锄头、铲子、手套、叉子、马铃薯收获机、小型挖掘机、叉车、编织袋、箩筐、塑料袋、干沙、干土、纸箱等。

• 人员准备

人员及任务分工见表 5–7。

表 5–7 马铃薯的收获与储藏任务分工

任务角色	任务内容
组长：	任务：确定工作内容，分配工作任务，完成收获储藏
组员 1：	任务：参与讨论，咨询专业人员、查询相关资料确定正确的收获与储藏方法
组员 2：	任务：参与讨论，查询相关资料，选择工具，确定收获方法
组员 3：	任务：参与讨论，根据讨论结果完成马铃薯收获
组员 4：	任务：参与讨论，根据讨论结果完成马铃薯储藏

任务筹划

（1）根据所掌握的相关知识，列出马铃薯收获与储藏的工作流程。

（2）根据所掌握的相关知识，列出马铃薯收获与储藏的操作方法。

（3）列出马铃薯收获与储藏的工作计划。

任务实施

步骤一：指出图 5-19 是马铃薯栽培种植管理全过程中的具体什么操作？并阐述该操作的技术要点。

图 5-19：____

____。

步骤二：根据马铃薯科学储藏的要求及原则，指出图 5-20、图 5-21、图 5-22 中马铃薯的储藏条件是否科学得当，并阐述其科学储藏的技术要点。

图 5-20：____

____。

图 5-21：____
____。

图 5-22：____
____。

步骤三：在野外真实的马铃薯种植田间，运用马铃薯科学收获的原则、要求及方法，通过分组实际操作，规范选定一块马铃薯种植田地，并在田地内科学、合理完成马铃薯的收获。

步骤四：根据马铃薯科学储藏的原则及要求，针对收获的马铃薯，结合当地环境条件，科学、合理设计马铃薯储藏方案。

步骤五：总结。针对在完成活动中遇到的问题及解决情况进行总结。

____

____

____

任务检测

链接 5-3

测试题

请扫码答题（链接 5-3）。

任务评价

班级：＿＿＿＿＿＿＿＿　组别：＿＿＿＿＿＿＿＿　姓名：＿＿＿＿＿＿＿＿

表 5-8　马铃薯的收获与储藏工作任务完成过程评价

项目	评分标准	自我评价	小组评价	教师评价
收获（30 分）	收获时间选择合理得当（15 分）			
	收获方法科学、合理、有效（15 分）			
储藏（30 分）	储藏通风条件控制得当（10 分）			
	储藏温度条件控制得当（10 分）			
	储藏湿度条件控制得当（10 分）			
活动完成过程（30 分）	能够根据工作任务资料，分析并制订工作计划（5 分）			
	认真思考，积极动手，动脑（5 分）			
	积极参与小组合作与交流，配合默契，互帮互助（5 分）			
	通过小组讨论与再学习完成工作（5 分）			
	能很好地展示活动成果（10 分）			
活动效果（10 分）	整体的效果（很好 10 分；较好 7～9 分；一般 3～6 分；较差 0～2 分）			
合计				
自我评价与总结				
教师点评				

项目六 青稞栽培技术

项目导读

青稞（*Hordeum vulgare* var. *coeleste* L.）属于禾本科大麦属草本作物，由于其籽实无外壳，故又称裸大麦、米大麦等，是重要的高原谷类作物。青稞在我国青藏高原地区有文字记录的历史长达5 000多年。青稞因具有很强的耐寒性和环境适应性，生育期较短、营养成分丰富、蛋白质含量高等特点，在我国藏区有大面积种植，成为藏区的主要粮食作物。青稞作为区域性特殊作物，其产量的提高不仅保证了种植户的经济效益，而且为农牧业发展提供了助力，是藏区农牧民增收的主要途径。青稞稳产增收关系到藏区的粮食安全和农牧民经济收入，是实现藏区乡村振兴战略目标的基础和保障；提高青稞单位面积产量、总产量对我国藏区农牧民脱贫致富和维护藏区社会稳定有重大的意义。本项目主要介绍青稞播前准备、青稞播种及田间管理、青稞的收获与储藏的相关知识和技能。通过本项目的学习，使学生掌握青稞高产、稳产、优质、高效栽培理论，掌握青稞播前准备、播种、田间管理技术和收获储藏技术。

学习目标

（一）知识目标

（1）了解青稞作为藏区主要粮食作物的重要意义。
（2）熟悉青稞的生活习性，了解青稞的生长环境。
（3）掌握青稞的不同生长阶段特征。
（4）熟悉青稞的繁殖方式。
（5）了解青稞的主要产区产地。
（6）了解主要青稞优良品种及特性。
（7）能估算青稞每亩的需肥量和产量。
（8）了解青稞常见病虫害及防治方法。
（9）初步掌握当地青稞种植规模现状、市场需求及供需关系动态情况。

（二）技能目标

（1）能结合当地情况，因地制宜地选配青稞良种。

（2）能做好青稞播前的良种选用。

（3）掌握青稞播前的种子处理技术。

（4）掌握青稞播前的田地整地施肥操作技术。

（5）根据当地情况，能合理选择青稞种植地块条件，科学规划青稞种植地块。

（6）能正确判定青稞地块的水肥本底条件，科学、合理做好青稞种植生长过程中的追施肥及灌溉。

（7）掌握青稞田间管理中的查苗补苗、灌溉追肥、除草等相关操作技能。

（8）掌握青稞种植中常见病虫害的防治方法。

（9）掌握青稞种植过程中最后的收获和储藏技能。

（10）通过全流程的青稞栽培种植过程，摸索总结出适合当地情况的青稞栽培品种及青稞高产、优质、高效栽培经验技术。

（三）发展目标

（1）树立安全意识。熟知野外田间工作安全常识，能保障个人人身安全。

（2）提升自我管理能力。遵守野外田间工作纪律，能恰当有效地利用时间，有效地计划并实施，按时完成各项任务。

（3）提升团队合作能力。能认知自己在团队中的角色，主动承担工作任务及责任，尊重他人意见，遵从集体决策，遵守各种行为规范和操作规范。

（4）提升独立思考能力。能积极习得知识，领悟并诠释交流所学内容，深入思考，灵活运用所学知识解决新问题。

（5）提升交流沟通能力。能主动接触陌生人，特别是一线从事青稞种植的农牧民或技术人员，通过聆听、交谈、交流，以获取更多有用的栽培管理信息。

（6）树立严谨求实的科学态度。能够严格按规范、标准一丝不苟地完成每一次野外田间实操工作，严谨求实，杜绝弄虚作假。

（四）思政目标

（1）育家国情怀，促民族团结。能感知并宣扬我国政治制度的优越性，有知农为农的责任感与担当意识，有各民族像石榴籽一样紧紧抱在一起，共同团结奋斗、共同繁荣发展的愿望。

（2）传中华文明，立民族自信。能弘扬中华优秀传统文化，坚持共同的理想信念和精神追求，树牢文化自信和民族自信。

（3）植农牧文化，育爱农情怀。能发扬农牧文化，懂农牧业、爱农牧民、爱农村牧区，做农牧人、干农牧事，增强投身“三农”的自豪感。

（4）宣生态文明，提生态素养。能尊重自然、爱护自然，践行人与自然和谐、绿色发展，成为具有生态理念、生态情怀和生态技能的生态文明建设者。

链接 6-1

《青稞》（GB/T 11760—2021）

任务一　青稞播前准备

任务导入

如下图 6-1 所示，青稞播前的选种是很重要的一项工作，根据当地情况结合青稞栽培种植前的准备工作原则、要求及方法，科学、合理完成青稞播前的选种、种子处理、播前选地整地、施用底肥等工作。

图 6-1　青稞播前选种

任务工单

班级 ________________　　姓名 ________________　　学号 ________________

<table>
<tr><td>任务名称</td><td colspan="4">青稞播前准备</td></tr>
<tr><td>任务描述</td><td colspan="4">根据实际情况，填写本任务的内容、目的、流程和方法。
任务内容：____
____。
任务目的：____
____。
任务流程：____
____。
任务方法：____
____。</td></tr>
<tr><td>获取信息</td><td colspan="4">要完成任务，需要掌握相关的知识。请收集资料，回答以下问题：
1. 青稞播种前对茬口是否有要求？

2. 青稞最好的前茬作物是什么？

3. 青稞播种前如何整地？

4. 青稞播种前是否需要施用底肥，如何施底肥？

5. 播种前如何选用青稞良种？</td></tr>
<tr><td>制订计划</td><td colspan="4">根据青稞播种前准备的工作任务，制订相应的工作计划。</td></tr>
<tr><td rowspan="6">任务实施</td><td colspan="4">按照预先制订的工作计划，完成本任务，并记录任务实施过程。</td></tr>
<tr><td>序号</td><td>完成的任务</td><td>遇到的问题</td><td>解决办法</td></tr>
<tr><td></td><td></td><td></td><td></td></tr>
<tr><td></td><td></td><td></td><td></td></tr>
<tr><td></td><td></td><td></td><td></td></tr>
<tr><td></td><td></td><td></td><td></td></tr>
</table>

（续表）

任务名称	青稞播前准备					
任务评价	评价表					
	项目	评价内容	分值	自评	互评	师评
	知识技能	选种结合当地实际，具有代表性	10			
		晒种操作科学、合理	10			
		种子包衣方法得当、效果佳	10			
		地块选择科学适宜	10			
		整地措施合理、有效	10			
		底肥施用科学、合理	10			
	任务进度	提前完成10分；正常完成7～9分；超时完成3～6分；未完成0～2分	10			
	任务质量	整体效果很好为10分；较好7～9分；一般3～6分；较差0～2分	10			
	素养表现	遵规守纪，独立思考，严谨求实，活学活用	10			
	思政表现	有家国情怀、生态情怀，有学农爱农意识	10			

任务准备

• 知识准备

一、选用良种

良种是增产的内在因素，是青稞优质优价的前提条件，是青稞科学种植的一个重要手段，其他环境因素都只有通过良种这一内在因素而起作用，特别是肥水条件好的田块，应掌握好良种的性能，采取相应的栽培技术措施，做好品种合理布局，做到良种良法配套，才能取得较高的产量。青稞良种应具备高产、稳产、优质、抗逆、适应性强、耐储运等特点。在选用良种时，掌握以下基本原则。

（一）纯度高、净度高

青稞良种应具备高纯净度，需符合国家种子等级质量标准，即原种纯度、净度、发芽率以及种子含水量均需符合标准。按照国家种子等级质量标准，青稞良种等级划分如下：一等良种能够获得98%以上的纯度和净度，且发芽率达到90%以上；二等良种能够达到98%以上的纯度和96%以上的净度，且发芽率在87%以上；三等良种能够达到96%以上的纯度和净度，且发芽率在85%以上。且一等、二等、三等青稞良种均要求气味正常，色泽佳，种子规格大小等特征符合国家所规定的标准要求。

（二）饱满完整

青稞良种必须具备较高饱满度，且全部成熟，其表面整体光泽度高，发芽势强、发芽时间短，千粒重、容重高，大小均匀，且苗壮、苗全、苗旺，出苗率高。

（三）健全无病虫

青稞良种，要注意检查分析其形态，及时剔除破粒、秕粒、虫蛀、霉烂等种子，应保证良种无虫蛀、无霉烂、无破损现象。

（四）活力强

青稞良种要具有较强的活力，一是种子饱满度要好、发芽率要高、苗势要旺；二是种子适应性要好、环境适应能力要强（包括气候、土质、水肥等），使其在不同的地区都可种植，并实现稳产、高产。

二、种子处理

种子处理主要是重点做好种子精选、晒种和包衣等3个关键环节。

（一）种子精选

大田播种用种子在播前必须进行种子精选，种子精选的方法包括风选、筛选和机械精选。风选是在脱粒过程中利用风扬器或自然风力，将种子的秕粒、杂粒、稃壳或残秸等去除，剩下饱满的种子。筛选是用一定大小筛孔的筛子，筛去秕粒、土块、泥沙等，选留大而饱满的种子。机械精选是利用种子精选机进行精选。总之，通过种子精选选用粒大饱满、整齐一致、无杂质的种子，以保证种子营养充足，达到苗齐、苗全、苗壮。由秕粒造成的弱苗难以通过管理转壮，晚播区由于播种量大更应注意选种。

（二）晒种

种子精选后，播种前7 d将种子放在太阳下晾晒2～3 d，具有促进种子后熟和提高种子酶活性、降低种子内抑制发芽物质含量、提高种子发芽率和消灭种子表面病菌等作用。

（三）种子包衣

1. 药剂的选择和剂量

种子包衣剂有多种，不同包衣剂所含成分也各不相同，成分可分为杀虫杀菌剂、营养调节剂、微量元素、农药等，包衣过的种子具有成模性外观，用种子包衣剂包衣过的种子，播种后可防止土壤中地下病虫的侵害，同时，随着种子发芽出土，包衣剂中的营养物质及药剂从种衣中逐渐释放，被青稞作物吸收，促进其生长发育。有些还可防治地上部病虫害，从而达到防治苗期病虫害、促进生长发育、提高青稞作物产量的目的。如：用 15% 粉锈灵（三唑酮）或戊唑醇拌种，每 50 kg 种子拌 15% 粉锈灵 20～30 g，可防治青稞云纹病、条纹病、网斑病，并对青稞黑穗病有一定的防效；或将精选好晾晒后的种子，按每 50 kg 种子用“扑力猛”80 mL 兑水 1 kg 进行包衣，阴干后播种可有效防治青稞黑穗病、条纹病和锈病等病害。种子包衣剂用量不宜过大，过大会对青稞种子产生伤害，极可能造成缺苗断垄，也不宜过少，过少失去种衣剂的作用。

2. 种子包衣方法

统一要求机械包衣，若无机械包衣条件的地方，也可采用人工均匀包衣。要做到未经精选和包衣的种子，不能作为大田播种用的种子。保证每一粒种子都要包衣，并且籽粒均匀一致。

三、播前耕作整地

重点做好地块选择和精细整地，做到良种、良田、良法相配套。

（一）地块选择

科学选择适宜种植的地块。虽然青稞种植的地域适应性很强，但仍需要加强对青稞田的科学管理。选择适宜的地块，是青稞生产的重要一环。一般来说，青稞最适宜的种植条件为：土层深厚、肥沃，养分全面而丰富，土壤中所含的各种有机物的成分存在科学配比；同时，前茬为豆类、油菜、马铃薯、绿肥或小麦等作物，质地疏松，pH 值为中性土壤。只有各种养分均衡，加上适宜的水、气、肥等条件，青稞优质高产生产才能得到保障。在进行青稞耕种的时候要将土壤的耕作层深度控制在 10～20 cm，逐渐提高土壤肥力。

（二）播前整地

青稞作物自身具有极强的土地适应能力，可以在藏区的大部分农区进行种植。在进行整地工作的过程中，由于种植制度、土地情况以及气候温度等有一定程度的差异，整地时间、方式也有所不同。旱地应在农闲期结合降水量进行深翻 20～25 cm，冬季要做好保墒工作。在水肥条件较好的地区，可以在种植前对其施入适当的肥料以及除草剂等。科学有效地实施整地工作，是高产的重要保障之一。通过精细整地，做到地块平整、土壤细碎，上虚下实，搞好田间卫生，创造深厚而疏松的耕层土壤条件。在最佳墒情时期，要抢墒播种，为青稞播种、出苗创造良好的土壤环境条件，提高青稞出苗率，为培育壮苗奠定基础。

播种前整地有利于提高播种质量，特别是春青稞更要精细整地。一是春青稞整地要求“早、深、松”。“早”即当年作物收获后，及早犁地，将前茬、杂草等有机物翻入土中，阻断病虫杂草繁衍，且使田间残留秸秆有充足的时间腐熟，培肥地力。“深”即耕地要深，一般应达 30 cm 左右。“松”即耕地农闲期应犁耙 2 次以上，调整土壤颗粒结构，配合施肥提高土壤耕性。二是春青稞生长发育快，生育期短，具有水肥临界期靠前、前期需肥迫切，需肥量大的特点。因而，应结合春耕整地工作，重施底肥，底肥用量要占全生育期施肥量的 70% 以上。底肥施用方法要做到“一个为主，两个结合”，即以农家肥为主，有机肥与无机肥相结合，氮肥、磷钾肥相结合。同时，要因地制宜，因土施肥，做到保肥田多施底肥，漏肥田少施底肥。

四、施用底肥

肥料是增产的基础，青稞播种前要施足底肥。青稞生育期较短，生长发育迅速，吸收养分的时间短、速度快而集中，因此要施足底肥。在播种前的土地整理过程中，将肥料和土壤充分混合，通过深耕提高土壤养分含量，肥料以有机肥和磷肥复合肥为主，结合氮肥。根据青稞的种植情况、地域特性、自然条件、生长态势等择优选择适宜的施肥方案。施肥过程中，通常选择混合性施肥技术。播种之前，可选择有机肥、氮磷钾复合肥、铵复合肥等进行混合施肥，保证种植土壤养分充足，随后进行 7 d 的密封处理。施用有机肥（农家肥）要根据种植品种的特征特性，一般每亩施有机肥（农家肥）1 500～2 500 kg，要求前后左右每隔 1.5～2.0 m 堆一堆有机肥（农家肥）；为了提升耕地质量，增加土壤有机质含量，根据土壤有机质实际情况，每亩可增施商品有机肥 50～75 kg。氮、磷肥一般以尿素、过磷酸钙为主，氮：磷比例 1：0.72，钾肥可用氯化钾或用草木灰代替，以上各种肥料全部在播前均匀翻入土中。也可选择分施方案急性施肥，并在当天及时进行翻埋，促进土壤缝隙中有机肥不断向深层渗透。通常，需要连作的一熟区、二熟区，以有机肥作为底肥，以尿素进行追肥，常见的追肥以氮素为主，以区域内的青稞苗种植、生长情况确定施肥量。

• 工具准备

犁耙、测绳、皮尺、铁锹、锄头、耙子、铁镢、水桶、手套、标牌、标桩。

• 材料准备

种子、肥料。

• 人员准备

人员及任务分工见表 6-1。

表 6-1　青稞播前准备任务分工

任务角色	任务内容
组长：	任务：确定工作内容，分配工作任务，完成播前准备工作
组员 1：	任务：参与讨论，咨询专业人员、查询相关资料确定正确的适宜的播种方法
组员 2：	任务：参与讨论，查询相关资料，确定播种日期
组员 3：	任务：参与讨论，根据讨论结果计算得到播种量
组员 4：	任务：参与讨论，根据讨论结果确定播种方法

任务筹划

（1）根据所掌握的相关知识，列出青稞播前准备的工作流程。
（2）根据所掌握的相关知识，列出青稞播前准备的操作方法。
（3）列出青稞播前准备的工作计划。

任务实施

步骤一：根据青稞良种选用要求及原则，从图 6-2、图 6-3、图 6-4、图 6-5 中选定符合当地种植条件的青稞种子，并阐述筛选依据。

图 6-2：____
____。

图 6-3：____
____。

图 6-4：____

____。

图 6-5：____

____。

步骤二：根据种子处理要求及原则，指出图 6-6、图 6-7、图 6-8 中种子处理的具体操作是什么？并阐述该操作的技术要点。

图 6-6：____

____。

图 6-7：____

____。

图 6-8：____

____。

步骤三：在野外真实的田间地头，青稞栽培种植地块上，运用青稞播前选地整地原则、要求及方法，通过分组实际操作，规范选定一块青稞栽培种植田地，并在田地内科学、合理开展整地工作。

步骤四：根据青稞播前田地施用底肥的原则及要求，针对选定的青稞种子特性及当地田地的土壤水肥本底条件，科学、合理设计底肥施用方案。

步骤五：总结。针对在完成活动中遇到的问题及解决情况进行总结。

____

____

____

____

____

____

任务检测

请扫码答题（链接 6-2）。

链接 6-2

测试题

任务评价

班级：________ 组别：________ 姓名：________

表 6–2 青稞播前准备工作任务完成过程评价

项目	评分标准	自我评价	小组评价	教师评价
良种选用和种子处理（30 分）	良种选定具有代表性（10 分）			
	晒种效果佳（10 分）			
	种子包衣科学、合理、有效（10 分）			
选地整地和施用底肥（30 分）	地块选择合理（10 分）			
	整地操作科学得当（10 分）			
	底肥施用合理、有效（10 分）			
活动完成过程（30 分）	能够根据工作任务资料，分析并制订工作计划（5 分）			
	认真思考，积极动手，动脑（5 分）			
	积极参与小组合作与交流，配合默契，互帮互助（5 分）			
	通过小组讨论与再学习完成工作（5 分）			
	能很好地展示活动成果（10 分）			
活动效果（10 分）	整体的效果（很好 10 分；较好 7～9 分；一般 3～6 分；较差 0～2 分）			
合计				

自我评价与总结	
教师点评	

青稞生态产业，助力乡村振兴

在遥远而神秘的高原之上，有一种作物，它不仅是藏族人民世代赖以生存的粮食，更是大自然赋予的珍贵礼物——青稞。这一古老而珍贵的作物，正以蓬勃之势为乡村振兴注入强大动力。在青藏高原这片高寒缺氧、土壤贫瘠的土地上，青稞以其顽强的生命力，成为了藏族人民心中的“圣谷”。它不仅见证了藏文化的兴衰更迭，更融入了藏民生活的点点滴滴，从祭祀到日常饮食，无不体现着青稞的重要性。青稞不仅美味，更富含营养。它含有丰富的 β- 葡聚糖，这是一种具有显著保健功能的成分，能有效提升人体免疫力，调节血糖水平。此外，青稞还富含膳食纤维、维生素 B 群及多种矿物质，如钙、铁、锌等，在促进肠道健康、预防贫血、增强骨骼强度等方面都有积极作用。尤为值得一提的是，青稞属于低 GI（升糖指数）食物，是糖尿病患者的理想选择。当前，在青藏高原地区，青稞产业的发展为当地带来了相当可观的经济收益，推动农村经济发展、促进增收。青稞产业包括种植、加工、销售等环节的产业链，为当地的农牧民提供了许多就业机会，有效缓解了农村的就业压力，促进了乡村经济的繁荣。同时，青稞种植采用传统的生态农业方式，对环境友好，有助于保持土壤肥力、防止水土流失，为青藏高原地区的生态环境保护作出了贡献。此外，青稞田也是一道美丽的生态风景线，吸引了众多游客观光，推动了乡村生态旅游的发展。青稞作为高原地区的重要农作物，还承载着丰富的历史文化内涵。通过发展青稞产业，可以更好地深入挖掘和传承藏区的青稞文化，增强民族文化自信和文化认同感，为乡村振兴提供精神动力。

知识拓展

青稞优良品种

优良品种是青稞栽培种植高质量发展的基础。下面对青稞优良品种情况进行了介绍（表 6-3），分析了各品种特点、栽培要点和适宜推广种植区域，以期为深入实施青稞种业振兴行动、推动青稞粮食产业高质量发展、助力脱贫地区乡村全面振兴提供参考和借鉴。

表 6-3　青稞优良品种

品种名称	品种特点	栽培要点	适宜区域
昆仑 12 号	春性，中早熟，株高 105～115 cm，株型紧凑，植株繁茂性好，生物学产量高，为粮草双高品种。穗全抽出，棱形 4 棱，穗茎弯垂，穗长方形，长齿芒，小穗着生密度中等，穗长 8.03 cm，穗粒数 40.7 粒。	4 月上旬至中旬播种，条播，亩播种量 21～22 kg，行距 15 cm，底肥折合纯氮 3.5～5.5 kg/ 亩，	适宜在高山旱地、环青海湖农业区和

（续表）

品种名称	品种特点	栽培要点	适宜区域
昆仑12号	籽粒椭圆形，黄色，半角质，千粒重41.0 g，籽粒容重723 g/L。蛋白质含量12.33%，淀粉含量59.80%，粗脂肪含量2.13%，粗纤维含量10.8%。抗倒伏性好，高抗条纹病、云纹病，耐旱性中等。平均亩产在高水肥条件下300 kg，一般水肥条件下250～300 kg。	五氧化二磷8.0～12.0 kg/亩，追肥折合纯氮3.0～4.0l kg/亩，苗保苗24万～25万株，田间管理以早为主。	柴达木绿洲灌溉农业区以及其他青藏高原生态区种植。
昆仑14号	春性，中早熟，株高100～110 cm，株型紧凑，植株繁茂性好，生物学产量高，为粮草双高青稞品种。穗全抽出，棱形4棱，穗茎弯垂，穗长方形，长齿芒，小穗着生密度中等，穗长7.67 cm，穗粒数38.7粒。籽粒椭圆形，黄色，半角质，千粒重48.0 g，籽粒容重785 g/L。蛋白质含量11.08%，淀粉含量54.98%，β-葡聚糖含量4.16%，赖氨酸含量0.657%。抗倒伏性好，耐旱性、耐寒性中等，中抗条纹病、云纹病。平均亩产在高水肥条件下300～400 kg，一般水肥条件下250～300 kg，柴达木地区高水肥条件下产量潜力可达500 kg以上。	4月上旬至中旬播种，条播，亩播种量21～22 kg，行距15 cm，底肥折合纯氮4.5～6.5 kg/亩，五氧化二磷10.0～18.0 kg/亩，追肥折合纯氮3.0～4.0 kg/亩，苗保苗24万～25万株，田间管理以早为主。	适宜在高寒旱作青稞区、高位水地连作青稞区种植。
昆仑15号	春性，中早熟，半矮秆，株高75～90 cm，株型紧凑。穗半抽出，棱形4棱，穗茎弯垂，穗长方形，长齿芒，小穗着生密度中等，穗长7.53 cm，穗粒数38.3粒。籽粒椭圆形，浅褐色，半角质，千粒重44.0 g，籽粒容重782 g/L。蛋白质含量9.91%，淀粉含量54.70%，β-葡聚糖含量5.36%，赖氨酸含量0.404%。抗倒伏性较好，耐旱性、耐寒性中等，中抗条纹病、云纹病。平均亩产在高水肥条件下350～400 kg，一般水肥条件下300～350 kg，柴达木地区高水肥条件下产量潜力可达600 kg。	4月上旬至中旬播种，条播，亩播种量20 kg，行距15 cm，底肥折合纯氮3.2～6.0 kg/亩，五氧化二磷10.0～17.0 kg/亩，追肥折合纯氮3.0～4.0 kg/亩，苗保苗25万～28万株。	适宜在青海全省各青稞区，尤其是高位水地青稞区种植。

（续表）

品种名称	品种特点	栽培要点	适宜区域
昆仑16号	春性，中早熟，生育期106 d。中高秆，株高90～102 cm，株型紧凑。穗全抽出，稀6棱，穗茎半直立，穗长方形，长齿芒；穗长7.78 cm，穗粒数37.7粒。籽粒椭圆形，浅褐色，半角质，千粒重43.9 g，籽粒容重787 g/L。蛋白质含量11.60%，淀粉含量49.20%，β-葡聚糖含量4.71%，灰分含量2.1%，粗纤维含量2.9%，粗脂肪含量1.5%。抗倒伏性强，耐旱、耐寒性中等，口紧，不易落粒。平均亩产在一般水肥条件下300～350 kg，高水肥条件下350～400 kg，柴达木地区高水肥条件下产量潜力可达500～550 kg。	4月上旬至中旬播种，条播，亩播种量20 kg，行距15 cm，底肥折合纯氮3.2～6.0 kg/亩，五氧化二磷10.0～17.0 kg/亩，追肥折合纯氮3.0～4.0 kg/亩，苗保苗25万～28万株。	适宜在青海海南州台地、环青海湖农业区、海东地区农业区和柴达木绿洲灌溉农业区种植。
昆仑17号	春性，早熟，生育期99 d。株高96～107 cm，株型紧凑。穗全抽出，稀6棱，芒黑色，颖壳黑色；籽粒椭圆形，黑色，半角质，千粒重41.7 g，籽粒容重764 g/L。蛋白质含量13.40%，淀粉含量53.20%，β-葡聚糖含量3.76%，灰分含量2.20%，粗纤维含量3.80%，粗脂肪含量1.40%，氨基酸含量9.56%；多酚含量0.16%，总黄酮含量0.27%，花青素含量0.06%，DPPH · 清除能力8 165.03 μmol/100 g，铁还原能力4 029.51 μmol/100 g，ABTS · + 清除能力5 961.19 μmol/100 g。抗倒伏性较强，耐旱、耐寒性中等，口较紧，不易落粒。平均亩产在高肥力条件下300～325 kg，中等肥力条件下250～300 kg。	4月上旬至下旬播种，条播，亩播种量18～20 kg，行距15 cm，底肥折合纯氮3.2～5.0 kg/亩，五氧化二磷10.0～14.0 kg/亩，追肥折合纯氮2.4～3.0 kg/亩，苗保苗22万～25万株。	适宜在青海海南州台地、环青海湖农业区、农牧交错区、海东地区农业区和柴达木绿洲灌溉农业区种植。
冬青8号	弱冬性中早熟高产品种，生育期270～280 d，株高90～100 cm，长芒6棱，黄颖、黄粒，该品种喜水肥，穗小，耐寒越冬能力	该品种为西藏中东部冬青稞主推品种，要适时播种与合理密植，在拉萨和山南地区10月上中旬播种为宜，亩播种量14～15 kg，亩施农家肥1 000～1 500 kg，	适宜在海拔3 800 m以下，中等水肥条件的冬青稞种植区域种植。

（续表）

品种名称	品种特点	栽培要点	适宜区域
冬青8号	强，分蘖成穗率高，茎秆弹性好，千粒重35～40 g，穗粒数54.1粒，抗倒伏，但轻感条纹病，平均亩产305.1 kg。	亩施肥量纯氮5～7.5 kg，纯磷9～12 kg为宜。冬季要注意防冻保苗和返青后的肥水运用，成熟后要把握天气，及时收获、打场。	适宜在海拔3 800 m以下，中等水肥条件的冬青稞种植区域种植。
冬青11号	弱冬性中熟丰产型品种，生育期275～280 d，株高95 cm，穗长6.3 cm，穗粒数57.1粒，千粒重38.9 g，平均亩产416.7 kg。	该品种为西藏中东部冬青稞主推品种，要适时播种与合理密植，在拉萨和山南地区10月上中旬播种为宜，亩播种量14～15 kg，亩施农家肥1 000～1 500 kg，亩施肥量纯氮10～15 kg，纯磷6～9 kg为宜。冬季要注意防冻保苗和返青后的肥水运用，成熟后要把握天气，及时收获、打场。	适宜在海拔3 800 m以下，中等水肥条件的冬青稞种植区域种植。
冬青13号	弱冬性中熟丰产、抗寒耐肥高产品种，生育期280 d，株高90～100 cm，长芒6棱，黄颖、黄粒，千粒重38.9 g，穗粒数57.1粒，抗倒伏，但轻感条纹病、黑穗病，平均亩产416.7 kg。	该品种为西藏中东部冬青稞主推品种，要适时播种与合理密植，在拉萨和山南地区10月上中旬播种为宜，亩播种量14～15 kg，亩施农家肥1 000～1 500 kg，亩施肥量纯氮10～15 kg，纯磷6～9 kg为宜。冬季要注意防冻保苗和返青后的肥水运用，成熟后要把握天气，及时收获、打场。	适宜在海拔3 800 m以下，中等水肥条件的冬青稞种植区域种植。
冬青14号	弱冬性晚熟型品种、抗寒、耐肥、抗倒伏的高产型品种，生育期285 d，株高95～100 cm，长芒6棱中疏穗，黄颖、黄粒。千粒重39.0 g，穗粒数55～60粒，但轻感条纹病、黑穗病，平均亩产360 kg。	该品种为西藏中东部冬青稞主推品种，要适时播种与合理密植，在拉萨和山南地区10月上中旬播种为宜，亩播量14～15 kg，亩施农家肥1 000～1 500 kg，亩施肥量纯氮10～15 kg，纯磷6～9 kg为宜。冬季要注意防冻保苗和返青后的肥水运用，成熟后要把握天气，及时收获、打场。	适宜在海拔3 800 m以下，中等水肥条件的冬青稞种植区域种植。
冬青15号	弱冬性中熟大穗、抗寒、抗倒伏丰产型品种，生育期268 d，株高98 cm，长芒6棱密穗，黄颖、黄粒。千粒重37.7 g，	该品种为西藏中东部冬青稞主推品种，要适时播种与合理密植，在拉萨和山南地区10月上中旬播种为宜，亩播量14～15 kg，亩施农家肥1 000～1 500 kg，亩施肥量纯氮10～15 kg，	适宜在海拔3 800 m以下，中等水肥条件的冬青稞种植区域种植。

（续表）

品种名称	品种特点	栽培要点	适宜区域
冬青15号	穗粒数64.8～79.1粒，抗倒伏，但轻感条纹病、锈病，平均亩产251.98 kg。	纯磷6～9 kg为宜。冬季要注意防冻保苗和返青后的肥水运用，成熟后要把握天气，及时收获、打场。	适宜在海拔3 800 m以下，中等水肥条件的冬青稞种植区域种植。
冬青16号	半矮秆、抗寒、抗倒伏丰产型品种，生育期268 d，株高80～85 cm，长芒6棱，黄颖、黄粒。千粒重36.7 g，穗粒数50.8粒，但轻感条纹病、锈病，平均亩产353.64 kg。	该品种为西藏中东部冬青稞主推品种，要适时播种与合理密植，在拉萨和山南地区10月上中旬播种为宜，亩播量14～15 kg，亩施农家肥1 000～1 500 kg，亩施肥量纯氮10～15 kg，纯磷6～9 kg为宜。冬季要注意防冻保苗和返青后的肥水运用，成熟后要把握天气，及时收获、打场。	适宜在海拔3 800 m以下，中等水肥条件的冬青稞种植区域种植。
冬青17号	生育期268 d，偏早熟，株高114.97 cm，穗长8.2 cm，穗粒数69.73粒，千粒重46.57 g，长芒4棱、白颖、黄白粒、中穗型品种，该品种出苗整齐，分蘖力强，茎秆弹性好抗倒，大穗大粒，穗部性状优，越冬能力较强，但轻感条纹病。其中，粗蛋白含量8.3 %，粗脂肪含量2.2%，灰分含量1.2%，水分含量10.8 %。平均亩产290～353.0 kg。	要适时播种与合理密植，一般在10月上旬播种较为适宜，亩播种量14～15 kg，基本苗要求每亩14万～18万株，播深以5～7 cm为宜，过浅或过深都会影响出苗和越冬，播后耱平并镇压1次，以利耕层保墒。施足底肥：亩施化肥量20 kg左右，其中亩施纯氮7.5 kg，纯磷10 kg为宜，亩施农家肥1 000～1 500 kg。精耕细作，灌足越冬水，加强春季麦田管理，注意防治条纹病、蚜虫等病虫害和麦田杂草，适当追肥及时收获，该品种收获后可以复种或套种其他早熟作物。	适宜在海拔3 850 m以下中等肥水条件下的林芝、拉萨、山南等地沿江河谷农区的冬青稞种植区域种植。
冬青18号	株高100 cm左右，株型紧凑，叶宽，叶色浓绿，出苗整齐，成穗数高，茎秆弹性特别好。高产、稳产、增产潜力大，抽穗、成熟整齐一致；中穗型，平均穗长7.5 cm，平均穗粒数48.4粒，结实率90%以上，穗大粒多；籽粒椭圆形，白色，短芒，籽粒饱满，	要适时播种与合理密植，一般在10月上旬播种较为适宜，亩播种量15～16 kg，基本苗要求每亩15万～18万株，播深以5～7 cm为宜，过浅或过深都会影响出苗和越冬，播后耱平并镇压1次，以利耕层保墒。施足底肥：亩施化肥量20 kg左右，	适宜在海拔3 850 m以下中等肥水条件下的林芝、拉萨、山南等地沿江河谷农区的冬青稞种植区域种植。

（续表）

品种名称	品种特点	栽培要点	适宜区域
冬青18号	千粒重42.6 g左右，抗寒、抗倒、抗细菌性条斑病和黑穗病，活秆成熟不早衰；轻感条纹病；最高产量潜力550 kg。灰分含量1.93%、水分含量8.59%、粗蛋白质含量10.3%、粗脂肪含量1.83%、粗淀粉含量60.5%。平均亩产372 kg。	其中亩施纯氮7.5～10 kg，纯磷10 kg为宜，亩施农家肥1 000～1 500 kg。精耕细作，灌足越冬水，加强春季麦田管理，注意防治条纹病、蚜虫等病虫害和麦田杂草，适当追肥及时收获，该品种收获后可以复种或套种其他早熟作物。	适宜在海拔3 850 m以下中等肥水条件下的林芝、拉萨、山南等地沿江河谷农区的冬青稞种植区域种植。
藏青13	春性中晚熟高产品种，即高秆抗倒伏型品系，全生育期117～132 d，株高96.5～115.8 cm，穗长7.3～8.1 cm，长芒4棱、黄颖、中稀穗型、幼苗直立、叶色深绿。穗粒数48.4～50.9粒，千粒重46.4～47.6 g。成熟后穗脖成水平状，茎秆黄亮，落黄好。抗倒伏能力极强，产量潜力较高，分蘖成穗率较强，亩成穗数达到22万穗/亩左右，特抗黑穗病。粗蛋白质含量10.32%，粗脂肪含量1.87%，粗淀粉含量62.17%，灰分含量2.11%。平均亩产300～450 kg。	播种量14.5～16 kg/亩，为保证达到高产水平，底肥亩施腐熟农家肥1 000 kg左右，化肥施用量25 kg（其中磷酸二铵15 kg，尿素10 kg）。追肥以尿素为主，并根据田间长势进行追肥，可在分蘖期（4叶1心期）追施5～8 kg。在拉萨、山南、昌都等地区可在4月10日—25日播种，日喀则地区可在4月20日至5月5日播种。	适宜在3 000～3 950 m区域、河谷农区饱灌、中上等肥力的区域生产种植。
藏青25	全生育期123 d，株高95.75 cm，属粮草兼顾型品种，茎秆粗壮、抗倒伏，穗大粒多、籽粒饱满。千粒重45 g，株高90～110 cm，6棱偏密穗，穗粒数50～60粒。蛋白质含量11.91%、粗脂肪含量1.83%，β-葡聚糖含量8.62%。抗病耐旱，落黄好，具有较高的增产潜力，是典型的春性中晚熟高产型品种。但轻感大麦条纹病、黑穗病。平均亩产达到362.6 kg。	播种前需进行种子精选与处理。以平均气温在3～4℃，表土化冻到适宜播种时，抢墒播种为宜。拉萨周边地区适宜在4月中下旬播种，其他地方可根据当地气候情况适当提前或延迟1周左右。采用机械条播方式播种。收获期以蜡熟末期为宜。	适宜在海拔4 000 m以下、高水肥条件的河谷农区种植。

（续表）

品种 名称	品种 特点	栽培 要点	适宜 区域
藏青148	全生育期 113 d，中晚熟高产型春青稞品种。株高 87.9 cm，4 棱长芒、黄颖、白粒，株型较紧凑，穗粒数 52.6 粒，千粒重 45.4 g，穗长 5.6 cm，分蘖力强，抗倒伏。易感锈病，轻感条纹病、黑穗病，抗逆性中等。平均亩产 346.8～392.5 kg。	河谷农区水浇地适宜在 4 月中下旬播种，播前施农家肥 1 200 kg，磷酸二铵 15 kg、尿素 8～10 kg 一次性作为底肥施入，播期保证正常的墒情，采用机耕条播，每亩播种 12～15 kg，分蘖与拔节期要求灌足水，同时追施 4～5 kg 尿素保证形成大穗大粒。	适宜在 3 500～3 800 m 的中上肥水条件的河谷水浇地种植。
藏青311	全生育期 117 d，生育期适宜，属早熟高产型品种。株高 89.5 cm、苗壮、4 棱长芒、大穗大粒、黄颖、白粒，株型半松散，株型、株高理想，穗粒数 55.9 粒，千粒重 49.3 g，单穗重 2.65 g，穗长 7.4 cm，单株分蘖数 1.8 个，蛋白质含量 11.28%，淀粉含量 61.8%。整齐度一致，后期较抗倒伏，抗病性较强。平均亩产 338.7～375.4 kg。	适宜在 4 月中下旬播种，适当早播，种子需进行药剂拌种。播前施农家肥 800 kg，磷酸二铵 10 kg、尿素 8～12 kg 一次性作为底肥施入，播期保证正常的墒情，采用机耕条播，每亩播种 14～16 kg。分蘖与拔节期要求灌足水，同时亩追施尿素 4～5 kg，加强田间管理。	适宜在河谷水浇地种植。
藏青690	全生育期 102 d（河谷农区），高寒农区全生育期 145～150 d（高寒地区），属早熟丰产型品种。株高 95.6 cm、苗壮、4 棱长芒、黄颖、淡紫粒，株型较紧凑，穗粒数 55.3 粒，千粒重 48.1 g，单穗重 2.58 g，穗长 8 cm，蛋白质含量 10.3%，淀粉含量 61.4%。整齐度一致，后期较抗倒伏，轻感条纹病、黑穗病，抗逆性中等。平均亩产 253～328 kg。	河谷农区适宜在 4 月中下旬和 5 月初播种，高寒农区适宜 4 月上中旬播种。播前施农家肥 1 000 kg，磷酸二铵、尿素各 5～7.5 kg 一次性作为底肥施入，播期保证正常的墒情，采用机耕条播，亩播种量 14～15 kg，分蘖与拔节期要求灌足水，而孕穗与灌浆期尽量控制肥水。根据苗期至拔节期长势长相，除极为缺肥地块可适当（2～3 kg/ 亩）追肥外，一般整个生育期不需要追施。	适宜在 2 600～4 600 m 的农区种植，在高寒地区选择中等肥水地块种植。

（续表）

品种名称	品种特点	栽培要点	适宜区域
藏青2000	春性中晚熟，生育期125～135 d，株高98～120 cm，穗长7～8 cm，穗粒数50～55粒，千粒重45～50 g。穗长方形、4棱长芒，黄白粒，叶色浓绿，叶片肥大，茎秆弹性较好，较抗蚜虫，抗倒伏，适应性广，轻感黑穗病。平均亩产310～380 kg。	在海拔4 000 m以上区域播期不能晚于4月25日，一般亩播种量14～15 kg，亩施农家肥1 000～1 500 kg，7.5 kg磷酸二铵+5～6 kg尿素+1.5～3.5 kg钾肥作底肥；7.5～10 kg/亩尿素作追肥；播前必须种子包衣，加强田间管理，做好病虫草害防治和适时收获。	适宜在4 300 m以下河谷农区中等或中等偏上肥水条件下种植。
藏青3179	全生育期108 d，属中早熟丰产型品种。株高80.8 cm、苗壮、4棱长芒、黄颖、黄白粒，株型较紧凑，穗粒数61.1粒，千粒重46.6 g，单穗重2.32 g，穗长7.8 cm，粗蛋白质含量8.61%，淀粉含量63.1%，水分含量6.2%。整齐度一致，较抗倒伏，轻感条纹病、黑穗病，抗逆性中等。平均亩产279.5～335.4 kg。	河谷农区适宜在4月中下旬和5月初播种，高寒农区适宜4月上中旬播种。播前施农家肥1 000 kg，磷酸二铵、尿素各5～7.5 kg一次性作为底肥施入，播期保证正常的墒情，采用机耕条播，亩播种量14～15 kg，分蘖与拔节期要求灌足水，而孕穗与灌浆期尽量控制肥水。根据苗期至拔节期长势长相，除极为缺肥地块可适当（2～3 kg/亩）追肥外，一般整个生育期不需要追施。	根据其产量潜力和熟期，最适宜在3 900～4 500 m的高寒农区种植，选择中等肥水地块种植。

任务二　青稞播种及田间管理

任务导入

如图6-9所示，青稞播种是一项很重要的工作，根据当地情况结合青稞播种及田间管理工作原则、要求及方法，科学、合理掌握青稞播种时间及密度，及时做好青稞生长期田间管理的追肥、中耕、除草、病虫害防治等各项工作。

图 6-9　青稞播种

任务工单

班级＿＿＿＿＿＿＿＿　　姓名＿＿＿＿＿＿＿＿　　学号＿＿＿＿＿＿＿＿

任务名称	青稞播种及田间管理
任务描述	根据实际情况，填写本任务的内容、目的、流程和方法。 任务内容：＿＿＿＿＿＿＿＿＿＿＿＿＿＿＿＿＿＿＿＿＿＿＿＿＿＿＿＿＿。 任务目的：＿＿＿＿＿＿＿＿＿＿＿＿＿＿＿＿＿＿＿＿＿＿＿＿＿＿＿＿＿。 任务流程：＿＿＿＿＿＿＿＿＿＿＿＿＿＿＿＿＿＿＿＿＿＿＿＿＿＿＿＿＿。 任务方法：＿＿＿＿＿＿＿＿＿＿＿＿＿＿＿＿＿＿＿＿＿＿＿＿＿＿＿＿＿。

（续表）

<table>
<tr><td>任务名称</td><td colspan="6">青稞播种及田间管理</td></tr>
<tr><td>获取信息</td><td colspan="6">要完成任务，需要掌握相关的知识。请收集资料，回答以下问题：
1. 当地青稞种植的合适播种期是什么时候？
2. 青稞种植的播种量有哪些要求，如何控制？
3. 生长期什么情况下要追肥，追肥要注意哪些方面？
4. 生长期什么情况下要除草，除草要注意哪些方面？
5. 病虫害防治原则是什么，常见病害防治方法有哪些？</td></tr>
<tr><td>制订计划</td><td colspan="6">根据青稞播种及田间管理工作任务，制订相应的工作计划。</td></tr>
<tr><td rowspan="6">任务实施</td><td colspan="6">按照预先制订的工作计划，完成本任务，并记录任务实施过程。</td></tr>
<tr><td>序号</td><td colspan="2">完成的任务</td><td colspan="2">遇到的问题</td><td>解决办法</td></tr>
<tr><td></td><td colspan="2"></td><td colspan="2"></td><td></td></tr>
<tr><td></td><td colspan="2"></td><td colspan="2"></td><td></td></tr>
<tr><td></td><td colspan="2"></td><td colspan="2"></td><td></td></tr>
<tr><td></td><td colspan="2"></td><td colspan="2"></td><td></td></tr>
<tr><td rowspan="8">任务评价</td><td colspan="6">评价表</td></tr>
<tr><td>项目</td><td>评价内容</td><td>分值</td><td>自评</td><td>互评</td><td>师评</td></tr>
<tr><td rowspan="6">知识技能</td><td>播种期选择得当</td><td>10</td><td></td><td></td><td></td></tr>
<tr><td>播种量科学、合理</td><td>10</td><td></td><td></td><td></td></tr>
<tr><td>查苗补苗及时</td><td>10</td><td></td><td></td><td></td></tr>
<tr><td>灌溉和追肥科学、及时、有效</td><td>10</td><td></td><td></td><td></td></tr>
<tr><td>除草及时有效</td><td>10</td><td></td><td></td><td></td></tr>
<tr><td>病虫害防治科学得当</td><td>10</td><td></td><td></td><td></td></tr>
</table>

（续表）

<table>
<tr><td>任务名称</td><td colspan="6">青稞播种及田间管理</td></tr>
<tr><td rowspan="6">任务评价</td><td colspan="6">评价表</td></tr>
<tr><td>项目</td><td>评价内容</td><td>分值</td><td>自评</td><td>互评</td><td>师评</td></tr>
<tr><td>任务进度</td><td>提前完成 10 分；正常完成 7～9 分；超时完成 3～6 分；未完成 0～2 分</td><td>10</td><td></td><td></td><td></td></tr>
<tr><td>任务质量</td><td>整体效果很好 10 分；较好 7～9 分；一般 3～6 分；较差 0～2 分</td><td>10</td><td></td><td></td><td></td></tr>
<tr><td>素养表现</td><td>遵规守纪，独立思考，严谨求实，活学活用</td><td>10</td><td></td><td></td><td></td></tr>
<tr><td>思政表现</td><td>有家国情怀、生态情怀，有学农爱农意识</td><td>10</td><td></td><td></td><td></td></tr>
</table>

任务准备

- **知识准备**

一、青稞播种

（一）适期播种

青稞与其他作物相比，具有生长周期较短的特点，青稞生长周期 100～130 d。在种植过程中，要想实现增产目标，需要结合具体环境特征合理选择播种时间。一般情况下，青稞在 2℃～3℃温度下即可萌芽，但是温度过低萌芽速度也会相对较慢。结合以往种植经验，温度 20℃左右，萌芽速度较快。另外，适当提前早播，可以促进青稞萌芽，促进根系生长，促使其根系更加发达和健康发育，当根系进入土层较深位置，可充分吸收深层土壤水分及养分，会有效提高作物吸肥能力和抗旱能力，成活率更高，从而强化青稞分蘖成穗速度，也能够加快青稞成熟速度，提高其生产质量。在高寒的青稞种植地区，适时早播有利于实现早熟早收。高海拔地区青稞最佳播期为 3 月下旬至 4 月上旬。各地播种期还应在此基础上按照水浇地宜早，旱地宜迟；海拔高宜早，海拔低宜迟；阴坡宜早，阳坡宜迟；黏土宜早，沙土宜迟；晚熟宜早，早熟宜迟的原则确定播种期。

（二）播种深度

对青稞播种质量的具体要求是：播深适宜、深浅一致、落籽均匀。一般播种深度以 3～5 cm 为宜，播种时应该均匀将种子撒施于沟内，然后覆土 2 cm，禁止超过 5 cm，以利提高种子出苗率和抗旱能力。

（三）播种方式

播种方式主要分为条播、撒播和机播 3 种，有条件的地方提倡机播。条播或撒播时，播种采用分层施肥条播或撒播，播种量依品种类型、不同地区、种植方式等而定，条播行距 16～20 cm，墒面宽 2.5～3 m，墒沟宽 30 cm。

（四）播种量

在青稞栽培过程中，应严格控制好其种植密度，需结合所选用的青稞品种、播种方式、土壤墒情等多方面因素实现合理密植，避免过于稀疏或过于密集。如果种植密度较高，容易使青稞产生倒伏问题，从而影响青稞产量。如果种植密度过稀，会导致穗数不足，同样不利于满足高产需求。播种量可采用以田定产，以产定穗，以穗定苗，以苗定种的“四定”方法来确定基本苗和播种量，定产即根据土壤肥力和施肥管理水平定出各地块的产量指标，产量确定后对穗粒重作出估计后就可确定穗数，再对单株成穗作出估计，就可确定基本苗数。基本苗数确定之后，即可根据每千克种子的粒数、发芽率和田间出苗率计算出每亩的播种量。即：

亩播种量（kg）= 每亩基本苗数 /（每千克种子粒数 × 种子净度 × 发芽率 × 田间出苗率）

目前一般农业生产水平下，青稞种子播种量机播以每亩 15～17 kg 为宜，撒播或顺犁沟条播，适当增加播种量。

二、田间管理

田间管理是青稞种植的关键环节，田间管理工作是否到位，直接影响青稞产量与质量，具体来说，应从苗期、中期、后期做好以下几方面工作。

苗期：主要在全苗、匀苗的基础上，促进早分蘖、早扎根，达到蘖足、苗壮、根系发达，即培育壮苗。在管理上以促为主，保证有足够的壮苗成穗。

中期：主要在保分蘖增穗数的基础上，促进壮秆和大穗的形成，防止徒长和倒伏。在管理上促控结合，做到看天、看地、看苗追肥和灌水。针对群体过大、长势过旺的田地，要做好控肥、控水和增施钾肥及草木灰等措施。

后期：主要养根保叶，延长上部叶片的功能期，防止旱、涝、病、虫等自然灾害，做好防倒措施，达到穗大粒饱满。

（一）查苗、间苗、补苗

青稞出苗后需进行查苗、间苗、补苗处理，出苗 1 周后，若田间缺苗需及时补种，保证出全苗，苗齐苗匀，并加强培育壮苗，补苗时可将密度过大地区的苗株移栽到空地处以补充缺苗穴口，确保基本苗在每亩 18 万～20 万株以上。

（二）灌溉

青稞种植时合理进行灌溉也是非常重要的，一般苗期无须进行灌溉，但是若气候干旱、降水量较少、田间严重干旱，则须及时进行灌溉。青稞生长期间对于水分需求量较大，缺水会导致青稞生长缓慢，严重的甚至会导致死亡；因此，应积极做好灌水工作。同时，要注意控制好灌溉量，避免因灌溉不当导致青稞出现徒长情况，影响其分蘖质量。一般情况下，青稞全生育期灌水 2 次为宜，分蘖期一直到抽穗期是青稞需水量最高的时期，此时一般需灌溉 1 次，以小水灌溉为主，灌浆期到乳熟期可进行第 2 次灌溉，以保证青稞种植的水分供应充足。灌水时应选择在晴朗无风的天气灌水，避免青稞出现倒伏等现象；每次灌水都要灌足、灌透、灌匀。若雨季降雨过多，将田地靠水渠的两侧挖开排出积水，做好排涝、防倒等工作。

（三）追肥

在青稞生长期，应该根据青稞的种植情况、地域特性、自然条件、生长态势等择优选择适宜的追肥方案。青稞分蘖期至拔节期是生长的重要阶段，对肥料需求量较大，此时如果土壤肥力供应不足，会对青稞分蘖造成极大影响，导致弱苗等现象，影响青稞生长及有机物积累，降低其结实率。最好在降雨后追肥，一般情况下，每公顷追加 120 kg 尿素即可。青稞生长至拔节期后，需结合青稞苗长势情况酌情追肥。青稞生长至抽穗期后，一般不需要追施氮肥，即可停止追肥，以免氮肥供应量过多导致青稞出现徒长、贪青晚熟现象。根据青稞生长后期根系呈衰老趋势、吸收能力降低等特点，要注意及时对植株进行养分补充，促进根系继续生长，延长叶功能，促进养料的制造与运输，保证青稞高产的同时使籽粒呈饱满状态。如果出现叶面发黄早衰情况，则须及时追施氮肥；而灌浆期则须重点追施磷酸二氢钾，每公顷追加 3 000 kg 磷酸二氢钾喷施叶面即可，能加快有机物积累。

（四）除草

杂草是青稞生产的大敌之一，杂草会与青稞争夺水分及养分，影响青稞生长发育，所以要密切留意田间杂草生长状况，及时落实除草工作。青稞田间杂草种类主要有野燕麦草、野油菜、灰灰菜和珠芽蓼等。除草措施一般有人工除草、“扎纽”（京马蘖）、中耕除草、化学除草等。除草时，针对小规模杂草可采用人工除草法。

1.“扎纽”

“扎纽”又称“京马蘖”，是目前藏区广泛运用的一项群众灭草的经验。这项措施利用春播前的有限时间，进行耕耙作业，创造有利于草籽萌动出苗的环境条件，使其出苗，再通过播种前的耕翻细耙，消灭已出苗的杂草，“扎纽”时间一般为 15 ～ 25 d。

2. 中耕除草

中耕不仅可以消灭杂草，而且还能疏松土壤，减少水分蒸发，增加透气性，促进土壤养分的释放，提高土温，有利于根系和分蘖的生长；同时，中耕还能抑制旺苗的徒长。青稞拔节前是中耕除草的关键时期，如果此时杂草生长较为严重，须及时进行中耕镇压，防止杂草生长影响青稞的正常分蘖。在拔节前进行深中耕，可切断部分根系，控制主茎和大分蘖旺长，促进小分蘖死亡，改善光照条件，有利于壮秆出大穗。深中耕后，根系受到损伤，地上部分生长暂时受到抑制，但以后由于断根发生大量侧根，根系更为强大，由抑制转为促进，有利于促进穗大粒多。在中耕除草时，可根据青稞种植面积及杂草生长情况，选择人工除草或机械除草，注意保护青稞幼苗，既要提升除草率，也要避免对青稞苗产生损害。

3. 化学除草

一是单子叶杂草防治，主要在青稞农田中防治单子叶杂草野燕麦草，在苗期（拔节前）即头水后 1 周左右，每亩用 50～60 mL“大骠马”（精噁唑禾草灵）防治野燕麦草，或用“爱秀”（唑啉草酯）喷雾防治野燕麦草，每亩用量 80 mL，兑水 25～30 kg；二是双子叶杂草防治，从青稞外部形状看，在青稞拔节前即头水后 1 周左右，用“千里寻”（2 甲·氯·双氟）防治双子叶杂草，每亩用 80 mL，兑水 25～30 kg，均匀喷雾防治，防除野油菜、灰灰菜等双子叶杂草。在防治双子叶杂草时，须注意避免逆风风向，并远离油菜等十字花科作物，以免造成其他药害而减产。不能在中午大太阳下喷雾，最好在阴天或早上、下午进行喷雾。在防治杂草时，使用“大骠马”防治单子叶杂草时，必须隔 1 d 后使用“千里寻”防治双子叶杂草，不可同时施用和混用。

（五）病虫害防治

保证青稞高产的另一重要措施是及时除虫、防病。病虫害防治要按照“预防为主，综合防治，绿色防控”的原则。例如，最常见的地下虫害是小地老虎、蛴螬、金针虫、蓟马和蚜虫等，为害程度较大，甚至诱发青稞植株出现黄矮病。通常蚜虫暴发于青稞拔节至灌浆期，因此需要在分蘖期及时喷施杀虫剂。处理抽穗期、成熟期的黏虫时，需采用胃毒剂农药、触杀剂农药等进行防治，避免此类虫害啃食青稞叶片、籽粒、穗脖等。

1. 农艺措施

农艺措施防治青稞病虫害，应从选种工作入手，优选优质高产且具备较强抗逆性和抗病虫害性能的品种，坚持轮作，禁止连作；做好选地整地工作，深耕并暴晒土壤，有效杀灭土壤中的病原微生物及虫卵；施加充足的底肥，提高土壤肥力，满足青稞生长需求，提高抵抗力，降低发病率；要重视清理田间杂草，破坏害虫寄生场所，避免病虫害发生；及时追肥灌水，满足青稞生长对于水分和养分的需求，最好采用测土配方施肥法，结合土壤肥力状况施肥，在避免资源浪费的同时，提高青稞产量。

2. 物理方法

物理方法防治青稞病虫害，主要利用害虫趋性实现防控，具备绿色无害的特性，并且防治效果显著。可利用害虫趋光性特征，在青稞田内设置频振式杀虫灯、太阳能杀虫灯，能够有效诱杀害虫；可利用害虫的趋味性特征，将糖醋液、性诱剂等放置于田间，亦可有效诱杀害虫；可利用害虫趋色性特征，将黄板、蓝板等放置于田间，亦可有效诱杀蚜虫等多种害虫；可利用食诱技术，利用害虫对生物制剂的规避性、拒食性，有效诱食捕杀害虫。

3. 生物技术

生物技术防治青稞病虫害，不仅不会造成药物残留及污染等现象，而且效果显著，能够更好地保障青稞产量与质量。应用生物技术时，主要是利用生物相互关系实现病虫害防治，例如，以鸟治虫法，利用害虫的鸟类天敌捕捉害虫，减少田间害虫数量，减轻虫害为害；以菌治虫法，利用苏云金杆菌、绿僵菌等，均可起到不错的防虫防病效果；以虫治虫法，利用赤眼蜂、瓢虫等昆虫，亦可实现对多种病虫害的防治。

4. 化学技术

化学技术防治青稞病虫害，易于造成污染及农药残留等现象，影响青稞品质。因此，要合理选用农药，确保所选用的化学药剂具备低毒、高效、无残留的特征。当前，青稞常见病虫害主要包括黑穗病、白粉病及蚜虫、黏虫等。针对青稞黑穗病，可使用 70% 甲基硫菌灵可湿性粉剂 1.5 kg 兑细干土 50 kg 撒施在地面上整地消毒再播种，降低病虫害发病率，患病后的植株应及时拔除烧毁处理；针对青稞白粉病，可使用 50% 硫黄悬浮剂 200 mL 兑水喷雾防治；针对青稞蚜虫，可使用 50% 抗蚜威可湿性粉剂 15 g 兑水喷雾防治，效果显著；针对青稞黏虫，可使用 2.5% 敌百虫粉剂 2 kg 兑水喷雾防治。

（六）倒伏的预防

青稞在进入成熟阶段后最常见的问题就是倒伏，一旦出现大面积倒伏现象就会直接影响最终产量，因此，做好防倒伏管理非常有必要。倒伏发生的主要原因有青稞品种抗倒伏能力不佳、种植密度过大、施肥过多、灌水不足等。从实际种植管理来看，可以在选种时优先选择抗倒伏、环境适应性强的品种，并且在品种确定后做好种子处理工作；需要在播种时根据种植地段情况合理控制密度，在青稞生长过程中的施肥环节，也要做到精准化施肥，对于具体施用量要合理控制，保证青稞生长所需养分充足，植株健壮；在施肥的同时也要注意灌溉，保证土壤墒情足够，灌溉量不可过多，以免影响到青稞根部稳固性。具体在青稞生产管理过程中，对密度大、生长旺盛的田地，在拔节孕穗期应合理灌溉和施肥，喷施矮壮素（浓度为 0.1%～0.25%），每亩用药液 60～70 kg 喷雾，可控制青稞茎秆细胞伸长，节间缩短，使叶片短厚，叶色浓绿，根系发达，植株矮化抗倒。

• 工具准备

铁锹、锄头、铁锨、手套、播种机、农药喷雾机。

• 材料准备

种子、肥料、农药。

• 人员准备

人员及任务分工见表 6-4。

表 6-4 青稞播种及田间管理任务分工

任务角色	任务内容
组长：	任务：确定工作内容，分配工作任务，完成播种工作
组员 1：	任务：参与讨论，咨询专业人员、查询相关资料确定正确的适宜的播种方法
组员 2：	任务：参与讨论，查询相关资料，确定播种日期
组员 3：	任务：参与讨论，根据讨论结果计算得到播种量
组员 4：	任务：参与讨论，根据讨论结果确定播种方法

任务筹划

（1）根据所掌握的相关知识，列出青稞播种及田间管理的工作流程。

（2）根据所掌握的相关知识，列出青稞播种及田间管理的相关操作方法。

（3）列出青稞播种及田间管理的工作计划。

任务实施

步骤一：指出图 6-10 中青稞种植的具体操作是什么？并阐述该操作的技术要点。

图 6-10：____

____。

步骤二：根据青稞田间管理要求及原则，指出图 6-11、图 6-12、图 6-13、图 6-14、图 6-15 中田间管理的具体操作是什么？并阐述该操作的技术要点。

图 6-11：____

____。

图 6-12：____

____。

图 6-13：____

____。

图 6-14：____

____。

图 6-15：____

____。

步骤三：在野外真实的田间地头，青稞种植地块上，运用青稞田间管理的原则、要求及方法，通过分组实际操作，选定一块青稞种植试验田地，并在田地内科学、合理开展田间管理工作。

步骤四：根据青稞田间管理的原则及要求，针对青稞不同的生长期，科学、合理设计追肥、除草、病虫害防治及灌溉工作方案，填写表 6–5。

表 6–5　青稞田间管理主要工作注意事项

生长期	管理措施			
	灌溉	追肥	除草	病虫害防治
苗期				
分蘖期				
抽穗期				
灌浆期				

步骤五：总结。针对在完成活动中遇到的问题及解决情况进行总结。

____

____

____

____

任务检测

链接 6–3

测试题

请扫码答题（链接 6–3）。

任务评价

班级：____________　组别：____________　姓名：____________

表 6–6　青稞播种及田间管理工作任务完成过程评价

项目	评分标准	自我评价	小组评价	教师评价
播种（20 分）	播种期选择合适（10 分）			
	播种量科学得当（10 分）			
田间管理（40 分）	灌溉充分、及时、有效（10 分）			
	追肥合理、及时、有效（10 分）			
	除草及时、合理（10 分）			
	病虫害防治科学得当（10 分）			

（续表）

项目	评分标准	自我评价	小组评价	教师评价
活动完成过程（30分）	能够根据工作任务资料，分析并制订工作计划（5分）			
	认真思考，积极动手，动脑（5分）			
	积极参与小组合作与交流，配合默契，互帮互助（5分）			
	通过小组讨论与再学习完成工作（5分）			
	能很好地展示活动成果（10分）			
活动效果（10分）	整体的效果（很好10分；较好7～9分；一般3～6分；较差0～2分）			
合计				
自我评价与总结				
教师点评				

任务三　青稞的收获与储藏

任务导入

如下图6-16所示，青稞收获是一项很重要的工作，根据当地情况结合青稞收获工作原则、要求及方法，科学、合理掌握青稞收获时间及方法，及时做好青稞的科学储藏等各项工作。

图 6-16　青稞收获

任务工单

班级＿＿＿＿＿＿＿＿　姓名＿＿＿＿＿＿＿＿　学号＿＿＿＿＿＿＿＿

任务名称	青稞的收获与储藏
任务描述	根据实际情况，填写本任务的内容、目的、流程和方法。 任务内容：＿＿＿＿＿＿＿＿＿＿＿＿＿＿＿＿＿＿＿＿ ＿＿＿＿＿＿＿＿＿＿＿＿＿＿＿＿＿＿＿＿＿＿＿＿＿。 任务目的：＿＿＿＿＿＿＿＿＿＿＿＿＿＿＿＿＿＿＿＿ ＿＿＿＿＿＿＿＿＿＿＿＿＿＿＿＿＿＿＿＿＿＿＿＿＿。 任务流程：＿＿＿＿＿＿＿＿＿＿＿＿＿＿＿＿＿＿＿＿ ＿＿＿＿＿＿＿＿＿＿＿＿＿＿＿＿＿＿＿＿＿＿＿＿＿。 任务方法：＿＿＿＿＿＿＿＿＿＿＿＿＿＿＿＿＿＿＿＿ ＿＿＿＿＿＿＿＿＿＿＿＿＿＿＿＿＿＿＿＿＿＿＿＿＿。
获取信息	要完成任务，需要掌握相关的知识。请收集资料，回答以下问题： 1. 什么是青稞收获？青稞收获的时间如何掌握，有怎样的要求？ 2. 青稞储藏前要进行怎样的处理？ 3. 青稞储藏的环境条件有怎样的要求？

（续表）

<table>
<tr><td>任务名称</td><td>青稞的收获与储藏</td></tr>
<tr><td>制订计划</td><td>根据青稞的收获与储藏任务，制订相应的工作计划。</td></tr>
<tr><td>任务实施</td><td>按照预先制订的工作计划，完成本任务，并记录任务实施过程。
<table>
<tr><td>序号</td><td>完成的任务</td><td>遇到的问题</td><td>解决办法</td></tr>
<tr><td></td><td></td><td></td><td></td></tr>
<tr><td></td><td></td><td></td><td></td></tr>
<tr><td></td><td></td><td></td><td></td></tr>
<tr><td></td><td></td><td></td><td></td></tr>
</table></td></tr>
<tr><td>任务评价</td><td>
<table>
<tr><td colspan="6">评价表</td></tr>
<tr><td>项目</td><td>评价内容</td><td>分值</td><td>自评</td><td>互评</td><td>师评</td></tr>
<tr><td rowspan="4">知识技能</td><td>青稞收获时机得当</td><td>15</td><td></td><td></td><td></td></tr>
<tr><td>青稞收获方法科学</td><td>15</td><td></td><td></td><td></td></tr>
<tr><td>青稞储藏前处理科学、合理</td><td>15</td><td></td><td></td><td></td></tr>
<tr><td>青稞储藏条件控制良好</td><td>15</td><td></td><td></td><td></td></tr>
<tr><td>任务进度</td><td>提前完成 10 分；正常完成 7～9 分；超时完成 3～6 分；未完成 0～2 分</td><td>10</td><td></td><td></td><td></td></tr>
<tr><td>任务质量</td><td>整体效果很好 10 分；较好 7～9 分；一般 3～6 分；较差 0～2 分</td><td>10</td><td></td><td></td><td></td></tr>
<tr><td>素养表现</td><td>遵规守纪，独立思考，严谨求实，活学活用</td><td>10</td><td></td><td></td><td></td></tr>
<tr><td>思政表现</td><td>有家国情怀、生态情怀，有学农爱农意识</td><td>10</td><td></td><td></td><td></td></tr>
</table></td></tr>
</table>

任务准备

• 知识准备

一、适宜收获时期

青稞穗轴脆硬，易折断落粒，因此合理进行收割是青稞高产栽培过程中的最后一步，也是促进青稞高产的重要步骤。收获成熟的青稞时，需要根据青稞的生长情况确定收获时机，及时收获，避免收获过晚时机不当，遭受雨淋，影响青稞产量与质量，进而影响经济效益。通常，需要在青稞蜡黄末期开始收割工作，即超过90% 的叶片呈黄色时进行收割。

二、适宜收获方式

有条件的建议采用联合收割机收获，适宜收获期为晚熟初期；如果采用人工或割晒机等方式收获，适宜收获期为蜡黄末期，这个时期收获有以下好处：一是籽粒在捆束和堆放中完成后熟过程，干物质积累最多；二是茎秆尚有韧性，穗子断落少，可节省拾穗所需的劳动力；三是籽粒不易霉烂变坏，品质好。

三、适宜储藏措施

青稞完成收获后，应进行脱粒晾晒，要在晴朗的天气对籽粒进行晾晒，蒸发掉多余水分以避免储存发霉，晾晒时还要将籽粒中的杂质去除，通常晴朗天气晾晒 3 d 左右后，确保籽粒的含水量在 10% 以下，就可以进行收仓储存；将晾晒好的青稞统一放置于阴凉通风干燥处储存，确保籽粒含水量在 10% 以下，保障青稞籽粒储存安全。

• 工具准备

青稞收割机、拖拉机、三轮车、编织袋、箩筐、塑料袋等。

• 人员准备

人员及任务分工见表 6–7。

表 6–7　青稞的收获与储藏任务分工

任务角色	任务内容
组长：	任务：确定工作内容，分配工作任务，完成收获与储藏
组员 1：	任务：参与讨论，咨询专业人员、查询相关资料确定正确的收获与储藏方法
组员 2：	任务：参与讨论，查询相关资料，确定收获方法
组员 3：	任务：参与讨论，根据讨论结果完成青稞收获
组员 4：	任务：参与讨论，根据讨论结果完成青稞储藏

任务筹划

（1）根据所掌握的相关知识，列出青稞收获与储藏的工作流程。

（2）根据所掌握的相关知识，列出青稞收获与储藏的操作方法。

（3）列出青稞收获与储藏的工作计划。

任务实施

步骤一：指出图 6-17 是青稞栽培种植管理全过程中的具体什么操作？并阐述该操作的技术要点。

图 6-17：____
____。

步骤二：根据青稞科学储藏的流程要求及原则，指出图 6-18、图 6-19 中的青稞脱粒及晾晒的技术要点。

步骤三：在野外真实的青稞种植田间，运用青稞科学收获的原则、要求及方法，通过分组实际操作，规范选定一块青稞种植田地，并在田地内科学、合理完成青稞的收获。

步骤四：根据青稞科学储藏的原则及要求，针对收获的青稞，结合当地气候环境条件，科学、合理设计青稞储藏方案。

图 6-18：____
____。

图 6-19：____

____。

步骤五：总结。针对在完成活动中遇到的问题及解决情况进行总结。

____

____

____

任务检测

请扫码答 题（链接 6-4）。

链接 6-4

测试题

任务评价

班级：______________　组别：______________　姓名：______________

表 6-8　青稞的收获与储藏工作任务完成过程评价

项目	评分标准	自我评价	小组评价	教师评价
收获（30 分）	收获时间选择合理得当（15 分）			
	收获方法科学、合理、有效（15 分）			
储藏（30 分）	储藏通风条件控制得当（10 分）			
	储藏温度条件控制得当（10 分）			
	储藏湿度条件控制得当（10 分）			

（续表）

<table>
<tr><th>项目</th><th>评分标准</th><th>自我评价</th><th>小组评价</th><th>教师评价</th></tr>
<tr><td rowspan="5">活动完成过程（30分）</td><td>能够根据工作任务资料，分析并制订工作计划（5分）</td><td></td><td></td><td></td></tr>
<tr><td>认真思考，积极动手，动脑（5分）</td><td></td><td></td><td></td></tr>
<tr><td>积极参与小组合作与交流，配合默契，互帮互助（5分）</td><td></td><td></td><td></td></tr>
<tr><td>通过小组讨论与再学习完成工作（5分）</td><td></td><td></td><td></td></tr>
<tr><td>能很好地展示活动成果（10分）</td><td></td><td></td><td></td></tr>
<tr><td>活动效果（10分）</td><td>整体的效果（很好10分；较好7～9分；一般3～6分；较差0～2分）</td><td></td><td></td><td></td></tr>
<tr><td colspan="2">合计</td><td></td><td></td><td></td></tr>
<tr><td>自我评价与总结</td><td colspan="4"></td></tr>
<tr><td>教师点评</td><td colspan="4"></td></tr>
</table>

项目七 甘草栽培技术

项目导读

甘草（*Glycyrrhiza uralensis* Fisch.）是豆科甘草属多年生草本植物，叶互生，奇数羽状复叶，椭圆形卵状，总状花序腋生，淡紫红色，蝶形花，是一种传统的补益中草药。甘草主要以根茎入药，2020 版《中华人民共和国药典》收录甘草为豆科植物乌拉尔甘草（*Glycyrrhiza uralensis* Fisch.）、洋甘草（*Glycyrrhiza glabra* L.）、胀果甘草（*Glycyrrhiza inflata* Batal.）的干燥根和根茎。甘草根茎中主要有效成分包括甘草酸、甘草次酸、甘草素、香豆素、甘草苷、多糖以及有机酸等，具有补脾益气、清热解毒、抗炎杀菌、调和诸药等功能。甘草不仅在中药上用途广泛，而且在保健品、调料、食品、化工原料、化妆品等工业中广泛使用。甘草的地下根和根茎极发达，具有较强的抗旱、抗寒、耐盐碱和防风固沙能力，喜生于干旱、半干旱地区的钙质土壤，在荒漠草原也能生长良好，还能在一定程度上起到保护生态环境的重要作用，生态幅度较宽，分布较广。由于甘草在医药、食品、日化等行业使用广泛，其需求量不断增加，野生甘草资源逐渐减少，难以满足市场需求。近年来野生甘草禁止采挖，致使全国中药材市场甘草缺口增大，人工种植成为重要的补充措施。本项目主要介绍甘草播前准备及播种、甘草田间管理及收获与储藏的相关知识和技能。通过本项目的学习，使学生掌握甘草高产、稳产、优质、高效栽培理论，掌握甘草播前准备、播种、田间管理技术和收获与储藏技术。

学习目标

（一）知识目标

（1）了解甘草作为多功能型特色作物的重要意义。

（2）熟悉甘草的生活习性，了解甘草的生长环境。

（3）掌握甘草的不同生长阶段特征。

（4）熟悉甘草的繁殖方式。

（5）了解甘草的主要产区产地。

（6）了解主要甘草优良品种及特性。

（7）能估算甘草每亩的需肥量和产量。

（8）了解甘草常见病虫害及防治方法。

（9）初步掌握当地甘草种植规模现状、市场需求及供需关系动态情况。

（二）技能目标

（1）能结合当地情况，因地制宜地选配甘草良种。

（2）能做好甘草播前的种子处理。

（3）掌握甘草播前的田地整地施肥操作技术。

（4）根据当地情况，能合理选择甘草种植地块条件，科学规划甘草种植地块。

（5）能正确判定甘草地块的水肥本底条件，科学、合理做好甘草种植生长过程中的追施肥及灌溉。

（6）掌握甘草田间管理中的间苗定苗、水肥管理、中耕除草等相关操作技能。

（7）掌握甘草种植中常见病虫害的防治方法。

（8）掌握甘草种植过程中最后的采收和储藏技能。

（9）通过全流程的甘草栽培种植过程，摸索总结出适合当地情况的甘草栽培品种及甘草高产、优质、高效栽培经验技术。

（三）素养目标

（1）树立安全意识。熟知野外田间工作安全常识，能保障个人人身安全。

（2）提升自我管理能力。遵守野外田间工作纪律，能恰当有效地利用时间，有效地计划并实施，按时完成各项任务。

（3）提升团队合作能力。能认知自己在团队中的角色，主动承担工作任务及责任，尊重他人意见，遵从集体决策，遵守各种行为规范和操作规范。

（4）提升独立思考能力。能积极习得知识，领悟并诠释交流所学内容，深入思考，灵活运用所学知识解决新的问题。

（5）提升交流沟通能力。能主动接触陌生人，特别是一线从事甘草种植的农牧民或技术人员，通过聆听、交谈、交流，以获取更多有用的栽培管理信息。

（6）树立严谨求实的科学态度。能够严格按规范、标准一丝不苟地完成每一次野外田间实操工作，严谨求实，杜绝弄虚作假。

（四）思政目标

（1）育家国情怀，促民族团结。能感知并宣扬我国政治制度的优越性，有知农为农的责任感与担当意识，有各民族像石榴籽一样紧紧抱在一起，共同团结奋斗、共同繁荣发展的愿望。

（2）传中华文明，立民族自信。能弘扬中华优秀传统文化，坚持共同的理想信念和精神追求，树牢文化自信和民族自信。

（3）植农牧文化，育爱农情怀。能发扬农牧文化，懂农牧业、爱农牧民、爱农村牧区，做农牧人、干农牧事，增强投身“三农”的自豪感。

（4）宣生态文明，提生态素养。能尊重自然、爱护自然，践行人与自然和谐、绿色发展，成为具有生态理念、生态情怀和生态技能的生态文明建设者。

链接 7-1

《甘草》（GB/T 19618—2004）

任务一　甘草播前准备及播种

任务导入

甘草播前准备工作及科学播种是甘草栽培中很重要的一项工作，根据当地情况结合甘草栽培种植前的准备工作原则、要求及方法，科学、合理完成甘草播前的选种、种子处理、播前选地整地、施用底肥等工作，并做好科学合理的播种。

任务工单

班级＿＿＿＿＿＿＿　姓名＿＿＿＿＿＿＿　学号＿＿＿＿＿＿＿

任务名称	甘草播前准备及播种
任务描述	根据实际情况，填写本任务的内容、目的、流程和方法。 任务内容：＿＿＿＿＿＿＿＿＿＿＿＿＿＿＿＿＿＿＿＿。 任务目的：＿＿＿＿＿＿＿＿＿＿＿＿＿＿＿＿＿＿＿＿。 任务流程：＿＿＿＿＿＿＿＿＿＿＿＿＿＿＿＿＿＿＿＿。 任务方法：＿＿＿＿＿＿＿＿＿＿＿＿＿＿＿＿＿＿＿＿。
获取信息	要完成任务，需要掌握相关的知识。请收集资料，回答以下问题： 1. 甘草播种前对茬口是否有要求？

（续表）

任务名称	甘草播前准备及播种
获取信息	2. 甘草播种前如何整地？ 3. 播种前如何选用甘草良种？ 4. 甘草播种时期有什么要求？ 5. 甘草常见播种方式有哪些？
制订计划	根据甘草播前准备及播种任务，制订相应的工作计划。
任务实施	按照预先制订的工作计划，完成本任务，并记录任务实施过程。

任务实施：

序号	完成的任务	遇到的问题	解决办法

任务评价：

评价表

项目	评价内容	分值	自评	互评	师评
知识技能	选种结合当地实际，具有代表性	10			
	种子处理操作科学、合理	10			
	选择地块结合当地实际，科学、合理	10			
	底肥施用科学、合理	10			
	播种时期得当	10			
	播种方式科学、合理	10			
任务进度	提前完成 10 分；正常完成 7～9 分；超时完成 3～6 分；未完成 0～2 分	10			
任务质量	整体效果很好 10 分；较好 7～9 分；一般 3～6 分；较差 0～2 分	10			
素养表现	遵规守纪，独立思考，严谨求实，活学活用	10			
思政表现	有家国情怀、生态情怀，有学农爱农意识	10			

任务准备

• 知识准备

一、选地要求

甘草根茎发达，耐盐碱，喜光怕涝。甘草种植时选地对土壤没有严格的要求，但是要想提高产量，就要在地势平坦、土质疏松的沙质土壤中种植。因此，选好地更利于高产，能保证甘草的种植质量。栽培甘草应选择土层深厚、排水良好、地下水位较低（1.5～2.0 m）的沙质壤土，土壤的酸碱度以中性或微碱性为好。前茬以上年休闲地或豆茬地较好，忌连茬重作。

二、整地施肥

甘草为深根旱生植物，其根部性状直接影响产量和品质，因此，播种前深耕整地是很有必要的。整地步骤为深松、施入底肥、犁地、耙平，达到墒、平、齐、松、碎、净的标准。为保证甘草播种后的出苗率和成苗率，整地保墒也很关键。整地一般要在上年秋季“白露”前进行，有利于收集储蓄秋季雨水，起到保墒作用。整地时一次性施入底肥，施腐熟的优质农家肥 3 000 kg/ 亩、磷酸二铵 20 kg/ 亩、加锌混配肥 15 kg/ 亩、钾肥 10 kg/ 亩，深翻 30 cm 以上，耙细整平，在冬季进行碾压保墒。墒情较好年份也可在春季播种前进行整地施肥。在整地深耕中要注意，在特殊的沙漠性质土壤中，最好利用平播技术，保证甘草的种植效果。如果进行垄播栽培，要注意起垄的高度，保证起垄的直度和土壤的疏松。

三、品种选择及种子处理

（一）品种选择

甘草品种尽量选择综合抗性好、产量高、商品性好的甘草品种，优先选用当地的野生品种乌拉尔甘草。野生乌拉尔甘草的甘草酸和甘草次酸含量较高，其药理性较好。野生乌拉尔甘草对极端温度环境的适应能力很强，同时具有很强的抗旱性。

（二）种子处理

甘草种子种皮坚硬，不透水，不透气，硬实率高，发芽缓慢，在种植过程中，种子的硬实率会直接影响甘草的种子质量和发芽率，一般情况下的甘草硬实率可以保持在 70%～90% 范围之内，如果在种植前不对种子的硬实率进行处理，会对后期的苗长造成影响，易造成苗的长度参差不一，因此在生产种植之前要对种子进行处理。

1. 碾米机碾撞处理法

利用碾米机将种子按大小分成 2～3 级分别碾磨。碾磨时，以划破种皮，但又不损伤子叶、种子不碎为最好。用这种方法处理大量种子效果最好，一般碾磨 1～2 次，种皮微破呈黄白色时即可，磨后发芽率可达到 85% 左右。经过碾米机处理的种子可以保存种子的活性，这样有利于种子存放、运输。

2. 热水浸泡法

用 60 ℃热水浸泡 4～6 h，捞出后放到温暖处，用湿布覆盖，每天用清水淋两次，裂口露芽时进行播种。或在播种前 12 h 左右，用 40 ℃水浸泡种子 4～6 h，使之发芽速度快，出苗齐。

3. 硫酸处理法

每 1 kg 种子加入 20 mL80% 硫酸，用木棒搅拌均匀，使所有种子都黏上硫酸，在 20 ℃环境下浸种 2～3 h，种皮烧破后用清水反复冲洗，洗掉硫酸后，晾干即可，发芽率可提高到 85% 以上。

四、播种

（一）播种时期

对于甘草的种植，要确定合理的播种期，一般在春季和秋季均可播种，但以春季播种最好。春播一般在 4 月下旬至 5 月中上旬，耕层温度稳定在 10 ℃时即可播种；秋播一般在 8 月中下旬至 9 月中上旬播种，每亩用种 4～5 kg。

（二）播种方式

甘草播种有直播、育苗移栽、根茎繁殖 3 种方式。甘草大面积种植一般采用机械直播法。轻中度盐碱地采用机械直播方式，重度盐碱地采用育苗移栽或根茎繁殖的方式种植。

1. 机械直播

选择普通播种机进行播种，采用条播方式，播种深度 3～5 cm，覆土厚度为 1 cm，播种后浇水，保持土壤湿度，约 2～3 周出苗。通常情况下，甘草的种子过多，会影响幼苗的出土，为了保证甘草的种植质量，要将甘草种植量控制在 3～4 kg/ 亩，播种的深度要控制在 2.0～2.5 cm，一般情况下幼芽在 10 d 左右可以出土。

2. 育苗移栽

选用 8 cm×8 cm 营养钵或 50 孔穴盘在苗圃中播种育苗，一般当年秋季或翌年春季将苗移入大田栽植。河西地区一般在 5 月中旬大田移栽种植，移栽株距 30 cm，行距 30 cm。育苗移栽比大田直接播种具有一级、二级成品等级率高，收获用工少等优点，是一种高产的新式栽培技术。

3. 根茎繁殖

春秋挖出地下根茎，选用直径 1 cm 左右的幼年根茎，切成 10～15 cm 的小段，每段至少要有 1～2 个腋芽，秋末或春初挖出根茎后，随采随栽。根茎繁殖产量高，根条占的比例大，在市场比较抢手。

• 工具准备

测绳、皮尺、铁锹、锄头、耙子、铁锨、水桶、保温农膜、手套、标牌、标桩。

- **材料准备**

种子、肥料。

- **人员准备**

人员及任务分工见表 7-1。

表 7-1　甘草播前准备及播种任务分工

任务角色	任务内容
组长：	任务：确定工作内容，分配工作任务，完成播种工作
组员 1：	任务：参与讨论，咨询专业人员、查询相关资料确定正确的适宜的播种方法
组员 2：	任务：参与讨论，查询相关资料，确定播种日期
组员 3：	任务：参与讨论，根据讨论结果计算得到播种量
组员 4：	任务：参与讨论，根据讨论结果确定播种方法

任务筹划

（1）根据所掌握的相关知识，总结甘草播前准备的事项。
（2）根据所掌握的相关知识，列出甘草施肥的工作计划。
（3）列出甘草播前浇水的工作计划。

任务实施

步骤一：指出图 7-1 中甘草栽培的具体操作是什么？并阐述该操作的技术要点。

图 7-1：____
____。

步骤二：指出图 7-2 中甘草栽培的具体操作是什么？并阐述该操作的技术要点。

图 7-2：____

____。

步骤三：指出图 7-3 中甘草栽培的具体操作是什么？并阐述该操作的技术要点。

图 7-3：____

____。

步骤四：总结。针对在完成活动中遇到的问题及解决情况进行总结。

____

____

____

任务检测

链接 7-2

测试题

请扫码答题（链接 7-2）。

任务评价

班级：__________　组别：__________　姓名：__________

表 7-2　甘草播前准备及播种工作任务完成过程评价

项目	评分标准	自我评价	小组评价	教师评价
播期播量（30 分）	播期选择正确（10 分）			
	播量计算正确（10 分）			
	记录完整科学（10 分）			
播种方式（30 分）	播种方式合理（10 分）			
	播种科学、合理（10 分）			
	记录准确科学（10 分）			
活动完成过程（30 分）	能够根据工作任务资料，分析并制订工作计划（5 分）			
	认真思考，积极动手，动脑（5 分）			
	积极参与小组合作与交流，配合默契，互帮互助（5 分）			
	通过小组讨论与再学习完成工作（5 分）			
	具有认真严谨的科学态度（10 分）			
活动效果（10 分）	整体的效果（很好 10 分；较好 7～9 分；一般 3～6 分；较差 0～2 分）			
合计				
自我评价与总结				
教师点评				

任务 实训学习

根据所学相关知识，结合当地生长环境，选定甘草品种，拟定一份甘草播种的操作方案。

爱农务农，国之根本

自古以来，务农重本，国之大纲。“三农”问题既是涉及国计民生的关键问题，又是事关我国发展全局的根本问题。农业作为我国的基础产业，关系到社会稳定与否，在我国的重要地位不容忽视。党的二十大报告指出，全面建设社会主义现代化国家，最艰巨最繁重的任务仍然在农村。为切实解决好“三农”问题，党的十九大报告就明确提出了要大力实施乡村振兴战略，党的二十大报告则再次强调了要全面推进乡村振兴，又一次把“三农”发展放在了首要位置。乡村振兴针对产业振兴、人才振兴、文化振兴、生态振兴、组织振兴五大振兴进行了全面部署，其中，“人才振兴”“组织振兴”要为其他层面的振兴战略提供领导力和队伍建设等方面的保证。因此，从国家战略部署的层面来看，人才是乡村振兴的关键，人才振兴是乡村振兴的基础和前提。生产发展的水平首要取决于人的科学知识水平和文化素质等综合能力。正如恩格斯所说，要把生产提高到全新水平，必须通过教育培养出一种全新的人才，因为要把工业和农业生产提高到上述那样的水平，单靠机械和化学辅助工具是不够的，还必须有相适应的发展运用这些工具的人的能力。这里就清晰地阐明了人才的综合素质是极其重要的。高等农业教育是农业教育的最高层次，其培育的农业人才对于乡村人才振兴具有重要作用，农业院校应当履职尽责，为乡村振兴提供人才保障与智力支持，助力全面推进乡村振兴。因此，作为高等专业技术院校的学生，要珍惜来之不易的环境和机会，学好农牧业有关知识和技能，为乡村振兴贡献自己的力量。

知识拓展

甘草优良品种及主要药用甘草特征

优良品种是甘草产业高质量发展的基础。下面对甘草优良品种情况进行了介绍（表 7-3），并分析了主要药用甘草的植物特征和适宜推广种植区域（表 7-4），以期为深入实施种业振兴行动、推动甘草产业高质量发展、助力脱贫地区乡村全面振兴提供参考和借鉴。

表 7-3 甘草优良品种

品种	民勤 1 号	喀什 1 号	阿克苏 1 号	乌新 I 号	优株 1 号
特性	植株抗逆性强、越冬芽数多、株形好、主根长直，分杈少、结籽数量多、甘草酸含量达 3%，亩产 2 000～2 500 kg。	根长、活性成分多、品系稳定、生长环境要求低、成活率高。	耐旱、耐寒、茎褐红色、固沙、成活率高。	种质优良、发芽率高、根长，性味甜，生物活性成分积累快。	植株矮化、花期提前、品质优良、干重较大、甘草酸含量高。

表 7–4　主要药用甘草特征

物种	产地	种子	果实	花序	叶	茎
乌拉尔甘草	产于东北、华北、西北各省区及山东。	暗棕绿色，直径 2.3～4.6 mm。	荚果，镰刀状，长 3.1～4.6 cm，有皱褶，密被有柄腺毛，脱落后呈刺状。	总状花序，密集头状，较叶短，长 4～12 cm。	奇数羽状复叶，小叶 2～8 对。	茎高 35～120 cm。
胀果甘草	主要分布于新疆，内蒙古、甘肃、宁夏零星分布。	黄绿色，直径 0.8～2.5 mm。	浅棕绿色，直径 1.5～3.0 mm。	总状花序，疏穗状，与叶等长，长 5～16 cm。	奇数羽状复叶，小叶 1～4 对。	茎高 50～150 cm。
光果甘草	产于东北、华北、西北各省区，主要产于新疆。	荚果，长椭圆形，长 0.8～2.5 cm，明显膨胀，略被腺瘤。	荚果，圆柱形，长 2.0～3.6 cm，光滑无毛。	总状花序，密穗状，较叶略长或等长，长 10～19 cm。	奇数羽状复叶，小叶 3～10 对。	茎高 45～180 cm。

任务二　甘草田间管理及收获与储藏

任务导入

甘草田间管理及收获与储藏是一项很重要的工作，根据当地情况结合甘草田间管理工作和收获与储藏技术原则、要求及方法，科学、合理掌握甘草水肥管理、中耕除草、病虫害防治等工作，以及做好甘草成熟后的收获和收获后的储藏工作。

任务工单

班级＿＿＿＿＿＿＿＿　姓名＿＿＿＿＿＿＿＿　学号＿＿＿＿＿＿＿＿

任务名称	甘草田间管理及收获与储藏
任务描述	根据实际情况，填写本任务的内容、目的、流程和方法。 任务内容：＿＿＿＿＿＿＿＿＿＿＿＿＿＿＿＿＿＿＿＿。 任务目的：＿＿＿＿＿＿＿＿＿＿＿＿＿＿＿＿＿＿＿＿。 任务流程：＿＿＿＿＿＿＿＿＿＿＿＿＿＿＿＿＿＿＿＿。 任务方法：＿＿＿＿＿＿＿＿＿＿＿＿＿＿＿＿＿＿＿＿。

（续表）

<table>
<tr><td>任务名称</td><td colspan="6">甘草田间管理及收获与储藏</td></tr>
<tr><td>获取信息</td><td colspan="6">要完成任务，需要掌握相关的知识。请收集资料，回答以下问题：
1. 甘草种植过程中，什么情况下需要间苗、定苗？
2. 甘草种植田间管理中，选择什么时机进行中耕除草？
3. 生长期什么情况下要追肥，追肥量及肥料选择要注意哪些方面？
4. 病虫害防治原则是什么，常见病虫害防治方法有哪些？</td></tr>
<tr><td>制订计划</td><td colspan="6">根据甘草田间管理及收获与储藏任务，制订相应工作计划。</td></tr>
<tr><td rowspan="6">任务实施</td><td colspan="6">按照预先制订的工作计划，完成本任务，并记录任务实施过程。</td></tr>
<tr><td>序号</td><td>完成的任务</td><td colspan="2">遇到的问题</td><td colspan="2">解决办法</td></tr>
<tr><td></td><td></td><td colspan="2"></td><td colspan="2"></td></tr>
<tr><td></td><td></td><td colspan="2"></td><td colspan="2"></td></tr>
<tr><td></td><td></td><td colspan="2"></td><td colspan="2"></td></tr>
<tr><td></td><td></td><td colspan="2"></td><td colspan="2"></td></tr>
<tr><td rowspan="10">任务评价</td><td colspan="6">评价表</td></tr>
<tr><td>项目</td><td>评价内容</td><td>分值</td><td>自评</td><td>互评</td><td>师评</td></tr>
<tr><td rowspan="4">知识技能</td><td>间苗、定苗得当</td><td>15</td><td></td><td></td><td></td></tr>
<tr><td>水肥管理科学、合理</td><td>15</td><td></td><td></td><td></td></tr>
<tr><td>中耕除草及时、合理、有效</td><td>15</td><td></td><td></td><td></td></tr>
<tr><td>病虫害防治科学得当</td><td>15</td><td></td><td></td><td></td></tr>
<tr><td>任务进度</td><td>提前完成 10 分；正常完成 7～9 分；超时完成 3～6 分；未完成 0～2 分</td><td>10</td><td></td><td></td><td></td></tr>
<tr><td>任务质量</td><td>整体效果很好 10 分；较好 7～9 分；一般 3～6 分；较差 0～2 分</td><td>10</td><td></td><td></td><td></td></tr>
<tr><td>素养表现</td><td>遵规守纪，独立思考，严谨求实，活学活用</td><td>10</td><td></td><td></td><td></td></tr>
<tr><td>思政表现</td><td>有家国情怀、生态情怀，有学农爱农意识</td><td>10</td><td></td><td></td><td></td></tr>
</table>

任务准备

• 知识准备

一、田间管理

（一）间苗、定苗

直播田中，当每周的平均气温稳定在 20 ℃时，5～7 d 便可出苗。出苗后在小苗长出 3～4 片叶子、高 3～5 cm 时进行间苗，按株距 6～7 cm 间苗，拔除弱苗、病苗、变异苗，留壮苗、大苗。定苗要在小苗长出 5～8 片叶子时进行，苗株距保持在 10 cm 左右，保苗 2 万株 / 亩左右。育苗移栽田待气温稳定在 18 ℃以上时进行定苗。移栽定苗时株距保持 10 cm 左右，有条件的地方可在沟内浇定植水，然后填土压实。

（二）水肥管理

甘草幼苗期，结合除草、施肥，浇水 2 次，其中，生长中期结合除草、施肥，浇水 1 次；生长中后期应保持适度干旱以利根系生长，入冬前浇 1 次封冻水。土壤湿度过大会使甘草根部腐烂，有积水应及时排出。播种后第 2 年开始施肥，要求每年在封冻前施肥 1 次，以腐熟农家肥为主，提高土壤有机质含量，忌施化学肥料。夏天可适量喷施磷酸二氢钾等叶面肥。

（三）中耕除草

为有效保证甘草根系的正常生长，要对甘草进行中耕除草，中耕除草是种植甘草的关键技术，通过中耕疏松土地表层，并且可以有效地去除杂草。一般情况下，定苗后进行第 1 次除草松土，松土要浅，以免伤根；入伏后进行第 2 次中耕除草并有意识地起垄培土；立秋后再向根部培土 1 次，以利甘草安全越冬。第 2 年植株返青后，按上年度同样的方法中耕除草并培土。第 3—4 年中耕除草培土管理与之前相同，但应适当增加中耕培土次数，切断侧根，促进主根生长。多次中耕培土后形成的垄沟带，与水平方向的垄沟带纵向隔断培土，在甘草田内形成集水沟或鱼鳞坑，可减少径流，防止水土流失。在每次大雨过后，田内土壤稍干时，要及时修复被雨水冲毁的集水沟或鱼鳞坑并松土破壳，减少水分蒸发。

（四）追肥

在甘草的全生育期中，要根据甘草生长状况，结合天气和墒情等情况适当追肥。施肥要以磷肥、钾肥为主，少施氮肥，以提高药材质量。当甘草生长不良时，在墒情较好的田地或有降水的条件下应适当追肥；若土壤墒情不好且无降水的条件下则不能追肥，以防烧苗。追肥时要将肥料施入中耕培土后形成的集水沟或鱼鳞坑中。第 1 年在施足底肥的基础上可不追肥；第 2 年结合中耕除草培土时施入 20 kg/ 亩磷酸二铵和 5 kg/ 亩尿素；第 3 年中耕培土时施入 40 kg/ 亩有机生物肥和 5 kg/ 亩尿素；此后在甘草生长期内一般不再追肥，若出现茎叶生长不良等脱肥现象，可叶面喷施磷酸二氢钾等叶面肥。

（五）病虫害防治

在甘草种植过程中，病虫害会直接影响甘草的生长质量。甘草病害主要有锈病、褐斑病、白粉病、根腐病、叶斑病等；常见甘草虫害主要有蚜虫、红蜘蛛、地老虎、跗粗角萤叶甲、大青叶蝉、吉丁虫、胭珠蚧等。在甘草病虫害防治过程中，为提高药材品质，应尽量少用或者不用农药，特别是要禁止使用高毒、高残留农药。

1. 防治原则

甘草病虫害防治以农业、物理、生物综合防治为主，以减少农药使用量或不使用化学农药为原则。药用甘草病虫害要全面考虑生态平衡、药物安全、防治效果和经济效益，放宽防治指标，将有害生物控制在允许为害范围内。药用甘草病虫害防治必须以检疫为前提、技术管理为基础，要利用好农业防治、物理防治和生物防治，合理使用化学农药防治，协调好各种综合防治措施。

2. 防治措施

（1）农艺措施。如合理密植、培育壮苗、深翻暴晒、中耕除草、科学施肥、清除病虫株、深埋枯叶或收集病株枯叶集中烧毁等。同时综合利用各种农艺措施，促使甘草生长旺盛，提高自身抗性，减轻甘草病虫害的发生，使生物群体和谐共生。

（2）物理防治。采用物理机械的措施控制病原体存在的可能性。播前可精选种子，晒种去除虫瘿和病菌。当虫害发生后及时应用粘虫黄板 40 块 / 亩，或每 2 000 m^2 安装 1 台频振式杀虫灯，也可用糖醋液诱杀害虫。

（3）生物防治。利用种间竞争和天敌防御等生物措施控制病虫害的发生；使用植物源农药、矿物源农药和生物药剂防治病虫，如草木灰、石硫合剂、阿维菌素、高效 Bt 杀虫剂、农用链霉素等。

（4）农药防治。当甘草病虫害发生较重时，可适当施用农药，但不能使用禁用的剧毒农药或在收获前使用化学农药。农药防治必须在应急时才用，并要靶标使用。在农药选择上尽可能选用具有选择性、低毒、对环境污染轻的农药，少用或不用广谱性的化学农药，要变化用药品种并进行配方混用，以免病虫产生抗药性。锈病初期喷洒 0.3～0.4 波美度石硫合剂或 15% 三唑酮可湿性粉剂 1 000 倍液；褐斑病初期喷洒 1：1：100～1：1：160 波尔多液或喷洒 25% 咪鲜胺乳油 500～600 倍液；白粉病可喷洒 0.2～0.3 波美度石硫合剂；叶斑病可喷洒 58% 甲霜·锰锌可湿性粉剂 600～800 倍液；红蜘蛛可用 0.2～0.5 波美度石硫合剂加米汤或面浆水喷洒。甘草病虫害用药次数要根据病虫发生程度进行，一般连用 2～3 次，间隔 7～10 d。

二、收获与储藏

（一）收获

1. 种子收获

甘草种植第 4 年开花结实，根茎繁殖可提前开花结实。一般 6 至 7 月开花结果，9 月荚果成熟，选择生长势强、品种特征明显的健壮植株采收种子，采种应在甘草荚果干燥呈黄褐色、种子坚硬时进行，采收宜选择在乳熟期和褐熟期之间，生产实践中不宜在黑熟期采收甘草种子。采收的荚果晒干后，滚压脱壳脱粒，用风选法或水浸法除去虫蛀粒、秕粒和残粒。

2. 根茎收获

甘草属于多年生草本植物，兼顾药性成分含量和产量，前 3 年为药性成分和产量快速积累期，而生育期超过 3 年药性成分含量和产量增长缓慢，因此，甘草多在第 3 年秋季收获，一般于 10 月上中旬完成。甘草根部发达，深度可达 100 cm 以上，为避免出现耕地中残留过多、浪费严重的现象，需使用甘草专用采挖机进行收获。甘草采收时，其根茎要达到药理标准要求，即根茎呈圆柱形，直径 0.8～3.5 cm，长 45～100 cm。采挖前可割除茎叶，进行深挖，待根茎露出地面 40 cm 后用力拔出。注意深挖时尽量减少对根部的破坏，不可刨断主根或伤至根皮，断面、根皮破损过多会导致部分药性流失；将挖取的根趁新鲜除去残茎和幼嫩的根芽，分出主根和侧根，去掉芦头、毛须、枝杈，依据根部直径大小捋直，捆好，置通风干燥处晾干，不宜暴晒。

（二）储藏

1. 种子储藏

甘草种子采收后，晾干、精选、过筛、分选、包装，待种子含水量降至 11% 以下，入库至干燥、通风、避光仓库中，贮存在通风、干燥的容器中，相对湿度小于 50% 防止种子因潮湿霉变，同时也要防止鼠害和虫害。

2. 根茎储藏

将收获后的甘草根茎拉运至加工厂，然后清洗、分级、加工，选择干燥、通风、避光仓库中贮存。

• 工具准备

铁锹、锄头、铁锨、水桶、保温农膜、手套、中耕机、农药喷雾剂。

• 材料准备

种子、肥料、农药。

• 人员准备

人员及任务分工见表 7-5。

表 7-5　甘草田间管理及收获与储藏任务分工

任务角色	任务内容
组长：	任务：确定工作内容，分配工作任务，完成田间管理
组员 1：	任务：参与讨论，完成前期管理
组员 2：	任务：参与讨论，完成中期管理
组员 3：	任务：参与讨论，完成后期管理
组员 4：	任务：参与讨论，做好协助工作，完成记录

任务筹划

（1）根据所掌握的相关知识，科学、合理设计甘草播种密度。

（2）根据所掌握的相关知识，列出病虫害的防治方法。

（3）列出甘草灌溉量和灌溉频次的工作计划。

任务实施

步骤一：根据栽培条件选择直播或育苗移栽的方式进行播种。确定合理的播种密度和播种时间后，完成播种。

步骤二：根据甘草田间管理要求及原则，完成灌溉、施肥、除草工作并记录。

步骤三：在甘草栽培种植地块上，设计并完成病虫害综合防治。

步骤四：总结。针对在完成活动中遇到的问题及解决情况进行总结。

任务检测

链接 7-3

测试题

请扫码答题（链接 7-3）。

任务评价

班级：__________ 组别：__________ 姓名：__________

表 7-6 工作任务完成过程评价

项目	评分标准	自我评价	小组评价	教师评价
播种（20 分）	播种期选择合适（10 分）			
	种植密度得当（10 分）			
田间管理（40 分）	追肥合理、及时、有效（10 分）			
	除草及时、合理（10 分）			
	病虫害防治科学得当（10 分）			
	灌水充分、及时、有效（10 分）			
活动完成过程（30 分）	能够根据工作任务资料，分析并制订工作计划（5 分）			
	认真思考，积极动手，动脑（5 分）			
	积极参与小组合作与交流，配合默契，互帮互助（5 分）			

（续表）

项目	评分标准	自我评价	小组评价	教师评价
活动完成过程（30 分）	通过小组讨论与再学习完成工作（5 分）			
	能很好地展示活动成果（10 分）			
活动效果（10 分）	整体的效果（很好 10 分；较好 7～9 分；一般 3～6 分；较差 0～2 分）			
合计				
自我评价与总结				
教师点评				

任务实训

甘草喜温暖、湿润、阳光充足的环境，适应性较强，但对土壤条件有一定要求。在种植前，需对土壤进行改良和施肥，提高土壤肥力和保水能力。同时，要注意选择排水良好、地势平坦的种植地块，确保甘草生长所需的良好环境。利用土壤水分检测设备，记录甘草生长期水分情况，完成甘草灌溉和排水工作，使水分保持在最适区间。

参考文献

安文芝，祝玲敏，李发江，等，2007. 河西地区甘草机械化栽培技术［J］. 中药材，30（3）：259-262.

白金贵，黄建民，明光礼，2003. 甘草栽培技术［J］. 中国种业（12）：59.

白玛曲珍，2022. 西藏高寒地区油菜栽培技术的要点研究［J］. 农家参谋（12）：52-54.

陈锦梅，2024. 玉米—大豆套种栽培技术要点研究［J］. 河北农业（4）：48-49.

陈胜利，2010. 北方干旱地区甘草栽培技术［J］. 北方园艺（24）：204-205.

陈素芳，2023. 油菜栽培技术及主要病虫害防治措施［J］. 农业技术与装备（4）：180-182.

戴江天，2020. 青海地区青稞高产栽培技术的研究与推广［J］. 河北农机（9）：17.

丁来瑞，1997. 作物栽培课四课型教学法［J］. 职业技术教育（5）：39.

付登峰，2023. 油菜栽培与管理技术［J］. 河南农业（25）：20.

郭丽颖，耿艳秋，张强，等，2024. 新农科背景下课程思政案例库建设探讨—以作物栽培学为例［J］. 智慧农业导刊，4（8）：147-150.

郭宪振，2023. 玉米病虫害的特征及防治方法分析—评《玉米栽培技术与病虫害防治图谱》［J］. 中国瓜菜，36（7）：162.

韩玉英，2018. 海北地区白菜型油菜栽培技术［J］. 现代农业科技（12）：26.

贺双成，2015. 大通县脑山地区全膜油菜栽培技术［J］. 现代农业科技（3）：46，49.

胡志林，2023. 油菜栽培技术要点及种植效益提升措施［J］. 世界热带农业信息（7）：20-21.

黄金元，1993. 春青稞优质高产栽培技术［J］. 农业科技通讯（8）：10.

解玉花，2013. 青海高寒地区无公害优质马铃薯丰产栽培技术［J］. 中国园艺文摘，29（7）：164-165.

金明今，杜广平，李凤玉，等，2001. 甘草高产栽培新技术［J］. 北方园艺（6）：61.

久迈，2014. 青海地区马铃薯高产栽培技术［J］. 现代农村科技（18）：15.

久迈，2015. 青海高寒地区青稞增产栽培技术［J］. 农业与技术，35（20）：129.

康波，2017. 宁夏马铃薯抗旱节水高产栽培技术研究［D］. 杨凌：西北农林科技大学.

况艳秋，2024. 大豆高产栽培技术［J］. 现代农村科技（5）：41.
喇中孝，2017. 青海不同生态区马铃薯地膜覆盖栽培技术［J］. 南方农业，11（27）：3-4.
李璐，2014. 南疆小麦—玉米“一年多熟”高产高效栽培模式及关键技术的研究［D］. 石河子：石河子大学.
李美宁，耿卫东，2024. 冬小麦复播大豆两熟栽培技术研究与分析［J］. 新疆农垦科技，47（2）：29-32.
李强，2018. 西北地区马铃薯产量—气候变化关系分析及高产高效栽培技术研究［D］. 北京：中国科学院大学（中国科学院教育部水土保持与生态环境研究中心）.
李瑞军，伊桂珍，1995. 甘草的人工栽培技术［J］. 吉林林业科技（6）：54-58.
刘红燕，2010. 湟源县大豆栽培技术［J］. 现代农业科技（19）：75.
卢学正，2022. 青海省油菜栽培技术与推广现状［J］. 农家参谋（24）：48-50.
马晓军，2018. 青海脱毒马铃薯栽培技术［J］. 农业工程技术，38（2）：58.
马秀娟，2024. 小麦优质高产栽培技术［J］. 农村实用技术（5）：81-82.
闵康，2010. 迪庆青稞高效栽培技术研究与利用［D］. 北京：中国农业科学院.
尼玛次仁，登增卓嘎，南志强，等，2023. 西藏半高寒农区早熟甘蓝型油菜栽培技术要点及建议［J］. 西藏农业科技，45（4）：83-87.
宁成林，2022. 油菜栽培技术及主要害虫防治研究［J］. 农业技术与装备（9）：166-168.
乔蕾蕾，2024. 小麦高产栽培及田间管理技术要点分析［J］. 特种经济动植物，27（6）：153-155.
乔雪娥，2024. 小麦栽培技术及病虫害防治措施［J］. 种子科技，42（11）：73-75.
任卿虹，2024. 油菜栽培技术与提高种植效益的措施［J］. 种子科技，42（5）：146-148.
邵庆勤，任兰天，闫素辉，等，2024. 涉农专业大学生知农爱农意识培养分析—以作物栽培学课程思政实践为例［J］. 中南农业科技，45（3）：214-216，221.
石小红，2010. 马铃薯高产优质栽培技术及高产机理研究［D］. 西宁：青海大学.
宋本立，2024. 优质小麦高产栽培技术及病虫草害绿色防治应用研究［J］. 种子科技，42（9）：119-121.
宋瑞梅，2024. 小麦种子包衣与配套栽培管理技术［J］. 新农民（14）：73-75.
唐小兰，2021. 青海地区青稞高产栽培技术研究与推广［J］. 农家参谋（14）：51-52.
田茂忠，李风岭，孙子亮，等，1996. 盐碱地甘草栽培技术［J］. 中草药（3）：175-177.
王东，林祥，殷复伟，等，2024. 小麦—玉米“吨半粮”高效栽培技术及其应用［J］. 西北农业学报，33（1）：15-20.
王贵宏，2024. 油菜栽培管理中的病虫害种类及绿色防控技术［J］. 种子科技，42（11）：118-120.
王继永，武惠肖，2002. 优质甘草产业化栽培技术［J］. 林业实用技术（5）：34-35.

王立，李家恒，1999. 西北地区甘草人工栽培技术体系研究［J］. 林业科学（1）：131-134.

王显萍，任有成，2006. 青海省冷凉灌区青稞高产栽培技术［J］. 作物杂志（6）：49-50.

王筱斐，2021. 玉米、小麦高效栽培技术及环境效应研究［D］. 杨凌：西北农林科技大学.

魏巍，2024. 小麦优质高产栽培技术［J］. 现代农村科技（7）：15-16.

吴嘉点，2018. 小麦栽培技术微课制作及农业推广模式探讨［D］. 南京：南京农业大学.

吴强，2019. 河套灌区小麦品质与产量协同提高关键栽培技术研究［D］. 呼和浩特：内蒙古农业大学.

谢国梅，2019. 青海地区青稞高产栽培技术的研究与推广［J］. 农业工程技术，39（29）：59-60.

谢永春，侯亚红，马瑞萍，等，2019. 高海拔（西藏）半干旱地区玉米全膜双垄沟播栽培技术探析［J］. 玉米科学，27（6）：112-118.

邢成德，2023. 青海大通县青稞丰产栽培技术［J］. 中国农机装备（10）：83-85.

徐瑶，刘鹏，耿贵，等，2024. 知农爱农新型农科人才核心能力培养途径探索—以作物栽培学各论课程创新为例［J］. 现代农业研究，30（4）：42-45.

徐哲莉，马亮，刘永，等，2024. 浅谈高产小麦栽培技术［J］. 新农民（14）：70-72.

杨生伟，2018. 青海省油菜栽培技术现状［J］. 青海农技推广（3）：66-68.

杨世赟，2017. 寒旱地区马铃薯的关键栽培技术研究［D］. 兰州：甘肃农业大学.

张爱卿，2024. 优质小麦高产栽培技术［J］. 种子科技，42（11）：91-93.

张发梅，2016. 青海高原青稞高产栽培技术［J］. 现代农业（11）：29-30.

张国林，2023. 玉米高质高效栽培技术的应用与推广—评《玉米高质高效栽培与病虫草害绿色防控》［J］. 中国瓜菜，36（6）：151.

张铜会，李玉霖，2000. 半干旱沙地甘草栽培技术规程［J］. 中国沙漠（S1）：94-95.

张秀，冯宪珍，1998. 甘草的栽培与管理技术［J］. 现代化农业（11）：15.

张应昌，1995. 甘草人工栽培技术［J］. 中草药，26（6）：314-318，335.

周义成，吴文奇，2001. 甘草的人工栽培技术［J］. 中国水土保持（1）：30-31.